爱从看见孩子开始

解读儿童16种心理类型，激发潜能

江雪华 著

中国妇女出版社

图书在版编目（CIP）数据

爱从看见孩子开始 ：解读儿童16种心理类型，激发潜能 / 江雪华著. -- 北京 ：中国妇女出版社，2023.4
ISBN 978-7-5127-2242-2

Ⅰ.①爱… Ⅱ.①江… Ⅲ.①儿童心理学－通俗读物
Ⅳ.①B844.1-49

中国国家版本馆CIP数据核字（2023）第000936号

策划编辑：肖玲玲
责任编辑：闫丽春
封面设计：末末美书
责任印制：李志国

出版发行：中国妇女出版社
地　　址：北京市东城区史家胡同甲24号　　邮政编码：100010
电　　话：（010）65133160（发行部）　　65133161（邮购）
网　　址：www.womenbooks.cn
邮　　箱：zgfncbs@womenbooks.cn
法律顾问：北京市道可特律师事务所
经　　销：各地新华书店
印　　刷：三河市祥达印刷包装有限公司

开　　本：165mm×235mm　1/16
印　　张：13.5
字　　数：159千字
版　　次：2023年4月第1版　　2023年4月第1次印刷
定　　价：49.80元

PREFACE
序 言

当一个可爱的婴儿呱呱坠地的时候，为人父母的我们会充满欣喜和骄傲，但可能同时也伴随着不安和焦虑。我们该如何养育他（她）呢？有些父母比较幸运，有一个不爱哭闹、一逗就乐的“天使宝宝”，或者吃饱喝足后就能安安静静待着的宝宝；但有的父母可能会遭遇难以安抚、哭闹不休、让人抓狂的宝宝，或者有的宝宝从小就精力旺盛，手脚动个不停，一旦能走路了，就会爬上爬下，四处探索。孩子会表现出不同的喜好，例如，在家庭或朋友的聚会上，我们可能会看到某个孩子在亲戚朋友面前兴致勃勃地表演自己的拿手好戏，而另一个孩子却安静地坐在角落里看表演，还有一些调皮的孩子可能对此毫无兴趣，仍在打打闹闹。

每一个人，从婴儿时期开始就会表现出自己的性格特点，如果我们能运用心理学的方法和理论认识与了解孩子的特点，是否有助于我们更好地理解孩子，更有效地养育孩子呢？答案是肯定的。

本书为大家介绍的心理类型，是瑞士心理学家荣格在自身工作实践的基础上所提出的人格观点。他认为每个人天生具有一定的心理偏好，表现出一定的心理类型，并认为一个人的心理类型由内倾、外倾两种态度和感觉、直觉、情感、思维四种功能组成，因此而表现出不同的行动方式。一个人能否依据自己的天性发展自己、成为自己，是衡量其是否能正常成长、健康发展的重要标志。

每个孩子天生就是独特的个体，具有一种“最自然、最轻松地去做事情的倾向”：有的孩子擅长做手工，有的孩子擅长逻辑推理，有的孩子富于想象，有的孩子情感细腻，有的孩子小小年纪就表现出一定的领导力。进行儿童教育时，如能基于心理类型，尊重孩子与生俱来的特点，可以更有效地激发孩子的自信，促进孩子对自身能力的运用与发展，这是家长抑或老师的一门必修课。

心理问题的评估与诊断相对于躯体疾病而言，常常比较模糊而难以客观。当孩子表现出这样那样的状况时，大多数的孩子并没有达到自闭症、多动症、情绪障碍等严重的精神或心理疾病的程度，常常只是孩子某些特点的表现。

运用心理类型的观点去看待孩子的表现，可以让我们发现孩子的独特之处，减轻养育孩子的焦虑，接纳孩子、善待孩子。对自己和孩子的心理类型加以了解与认识，寻求与孩子的心理类型相匹配的教养方式，有助于改善亲子关系。

CONTENTS
目 录

第 1 章 识别孩子的心理类型，提升养育效能

了解心理类型…002

8 种复合心理功能…010

认识心理类型的功能…014

第 2 章 培养孩子的基本能力，从看见孩子开始

识别孩子的心理类型，培养领导力…024

识别孩子的心理类型，培养逻辑思维能力…031

识别孩子的心理类型，培养好人缘…036

识别孩子的心理类型，提升洞察力…044

识别孩子的心理类型，培养规则意识…050

识别孩子的心理类型，加强行动力…058

识别孩子的心理类型，培养高情商…064

第3章 看见孩子，科学助推学习力

帮孩子避开入学适应困难…074

激发孩子擅长的学科…083

科学引领孩子的兴趣爱好…093

第4章 了解孩子的性格特点，让养育更有效

内向的孩子该怎么教…104

精力旺盛的孩子该怎么教…113

倔强任性的孩子该怎么教…122

大大咧咧的孩子该怎么教…133

完美主义的孩子该怎么教…142

胆小敏感的孩子该怎么教…152

第5章 用好心理类型工具，避免亲子冲突

“行动派”爸妈 VS“小蜗牛”…162

“规则派”爸妈 VS“熊孩子”…169

“为人着想”型爸妈 VS“自私”型孩子…180

第6章 用好心理类型工具，有效避开六大教养误区

误区一：和别人家的孩子进行比较…192

误区二：别让孩子输在起跑线上…194

误区三：把自己的想法强加给孩子…196

误区四：过度地“晓之以理”…198

误区五：溺爱迁就，疏于管教…200

误区六：轻易地给孩子“贴标签”…202

后记…204

参考文献…206

AI CONG KAN JIAN
HAI ZI KAI SHI

第 1 章

识别孩子的心理类型，提升养育效能

了解心理类型

要将心理类型这一实用的工具运用到实际生活中，需要先对心理类型有所了解。

基于心理学家荣格的人格理论，心理类型可以划分为四个维度。

第一个维度是心理能量指向的方向，分为内倾（Introversion）与外倾（Extroversion），分别用字母I和E来表示；

第二个维度是收集和接收信息的方式，分为感觉（Sensation）和直觉（Intuition），分别用字母S和N表示；

第三个维度是收集到信息后处理信息的方式，分为情感（Feeling）和思维（Thinking），分别用字母F和T表示；

第四个维度是采取行动的方式，分为判断（Judgement）和知觉（Perception），分别用字母J和P表示。这是迈尔斯和布里格斯母女在荣格理论的基础上所增加的维度。

第一个维度：内倾（I）与外倾（E）

第一个维度是心理类型的态度取向。内倾（I）的人对自己的内在世界更感兴趣，外倾（E）的人则对外部世界比较感兴趣。

内倾（I）与外倾(E)的性格区别

内倾（I）的特点

- 喜欢独处，沉默寡言，沉浸于自我的内心世界。
- 喜欢安静的环境，能够长时间专注地做一件事情。
- 希望自己有充分的时间去了解和处理有关信息，有些事虽已明白了，但说出来只有三分。
- 总是想清楚才做，或想清楚了也不做。

外倾（E）的特点

- 乐于交往，亲切随和，关注外部环境。
- 不喜欢复杂的程序，难以专注。
- 经常在讨论和谈话中冒出主意，一边说、一边去搞明白某件事，开始只明白三分。
- 喜欢提出问题、引发思考，能边说边思考。
- 总是先行动再思考。

在此需要注意的是，有的孩子从行为表现上看像是外倾型，但是这种状态让他们感到并不舒服，可能只是外在的要求才导致他们表现得开朗、外向。实际上他们更在意自己内心的感受或想法，常常会感叹身边的人不懂他。这样的孩子可能也是偏好内倾的，只是使用了一些外倾的方式去适应外部的环境。

一个人的心理类型不可能百分之百外倾（E），也不可能百分之百内倾（I）。如果一个人在自然状态下，流露出外倾（E）的特质更多，我们就说他在这个维度上是偏好外倾（E）的。

第二个维度：感觉（S）与直觉（N）

偏好感觉（S）的人倾向于通过各种感官去收集信息，如视觉、嗅觉、触觉、听觉等，他们更关注现实中那些实际的、可以直接观察到的事件；偏好直觉（N）的人更倾向于对事情发生的可能性和事件背后隐含的意义、联系及内涵感兴趣，他们常常有强烈的预感。

如果孩子喜欢做手工，专注于细节，精细动作和身体协调性有较好的发展，小小年纪做事情就非常有秩序，我们可以判断孩子在这一维度上是偏好感觉（S）的。

如果孩子喜欢天马行空地想象，喜欢探索新事物，不擅长做手工，对重复机械的任务没有兴趣，精细动作发展比较缓慢，身体协调性也比较差，运动能力偏弱，我们可以判断孩子在这个维度上是偏好直觉（N）的。

感觉（S）与直觉（N）的性格区别

感觉（S）的特点：
倾向于说“请告诉我事实”

- 敏锐地观察生活，追求快乐。
- 擅长把握细节，看不到大局。
- 通过听觉、视觉、触觉、嗅觉获得具体、现实的信息。
- 喜欢条理清晰的信息资料和工作任务。
- 应对变化的、未知的可能性时会失去耐心，感到沮丧。
- 注重实际，缺乏想象力。

直觉（N）的特点：
倾向于说“请让我了解全部”

- 对生活充满期待，追求灵感。
- 擅长把握大局，在细节上容易犯错误，热衷于弄明白事实背后的含义。
- 喜欢想象未来的可能性。
- 信息多但条理性不强，通过直觉、推理、联想获得信息。
- 求新求变，对常规的事情感到沉闷。
- 喜欢跳跃性的学习和行为方式，更有冲劲，缺乏持久性。

第三个维度：情感（F）与思维（T）

偏好情感（F）的人倾向于根据主观感受去做评判和决定，偏好思维（T）的人倾向于根据客观逻辑去做评判和决定。

如果孩子在处理信息时态度是温和、柔软的，在他所表达的观点中强调的是主观情感，比如他会说：“我觉得这是怎样的。”如果情感得不到满足，他们会表现得比较黏人或哭闹，这个孩子很可能偏好情感（F）。

如果孩子在处理信息的时候表现得比较强势，小小年纪就开始发表一些很客观的想法，比如他会说："这样做不对。"或是表现出指挥人的强硬姿态，情感常常处在无意识状态，无法表达清楚或者不愿意表达，当需求不被满足时，常常会表现出一定强度的对抗，这个孩子很可能偏好思维（T）。

情感（F）与思维（T）的性格区别

情感（F）的特点：
倾向于考虑"会有人因此而受到伤害吗？"

- 关注事情对人的影响，而不是事情或想法本身，注重事情带来的情感——生气、高兴、痛苦、快乐。
- 在相互支持和鼓励的环境中表现优异，认为学习氛围很重要。
- 做决策时基于主观判断，擅长了解人的价值观和需要。
- 觉得客观的逻辑分析过于苛刻，注重关系的和谐。

思维（T）的特点：
倾向于考虑"这合乎逻辑吗？"

- 擅长对客观数据进行分析、推理，探求事物之间的因果关系。
- 对于任何想法、观点和信息都会从正、反两方面衡量，不偏颇。
- 在解决问题和作决策时，用事实呈现涉及个人情感或感受的部分，才能更好地理解。
- 喜欢冷静、客观的交流方式，有时显得不近人情。

第四个维度：判断（J）与知觉（P）

判断（J）或知觉（P）的行动方式是我们和外在环境进行互动的风格和方式。第四个维度的判断，是依据我们和外在环境进行互动时，主要表现出第二个维度（即收集信息的方式）还是第三个维度（即处理信息的方式）的功能特点来进行的。

如果孩子不喜欢受限制，不喜欢作决定，主要是通过相对随意的信息收集方式与外在环境互动，用直觉（N）或感觉（S）收集外在世界的信息，那么无论孩子是偏好直觉（N）还是偏好感觉（S），我们都可以说他是偏好知觉的行动方式。

偏好知觉的孩子常常比较灵活，不断地用外倾直觉（Ne）功能探索外部世界的各种可能性或是用外倾感觉（Se）功能感知外部世界各种丰富而具体的信息。

如果孩子主要通过井然有序的信息处理方式与外在世界互动，用情感（F）或思维（T）处理外在事务，喜欢做决定，那么，无论孩子是情感（F）还是思维（T）偏好，我们都可以说他是偏好判断的行动方式。

偏好判断的孩子会用外倾情感（Fe）的方式协调与他人的关系，或是有目标、有计划地运用外倾思维（Te）的功能，小小年纪就表现出一定的协调能力或执行力。

判断（J）与知觉（P）的性格区别

判断（J）的特点：
倾向于说“让我们做好准备吧！”

- 善于决断，好奇心不足。
- 计划性强，注重程序，有条理，苛刻，过于紧张。
- 作息规律，井然有序，按部就班。
- 希望职责明确，期望清晰的工作角色和任务。
- 乐于作决定，对变化以及模糊不清的东西感到不自在。
- 自我约束，目标明确，精准无误。

知觉（P）的特点：
倾向于说“等等看再说吧！”

- 好奇心强，很难决断。
- 做事情没有计划性，很难遵守时间，没有条理，没有责任心。
- 累了、困了就睡，懂得变通，随遇而安。
- 对于条条框框、琐碎及需要作出结论的事情感到不耐烦。
- 喜欢发掘和寻找新鲜事物，乐意接受变化。
- 灵活多变，适应性强，懂得包容。

我们在判断一个人的心理类型的时候，需要综合这四个维度的表现进行综合判断。心理类型在各维度上的表现不是非此即彼，而是表现出一定程度上的偏好。

一个人可能在收集信息的方式上表现出外倾（E）的特点，同时也可能在处理信息的方式上表现出内倾（I）的特点，所以一个人不可能百分之百外倾，也不可能百分之百内倾。

一个人有可能天生偏好直觉（N），但在后天的养育与学习环境中，也需要不断加强感觉（S）功能，所以也不可能百分之百地偏好直觉（N），或百分之百地偏好感觉（S）。

一个人可能天生偏好情感（F），但是随着成长，在学习与应对外在环境的过程中，思维（T）功能可能不断提升，所以也不可能百分之百地偏好情感（F），或百分之百地偏好思维（T）。

心理类型不是一个平面化的标签，也不是固定不变的。在成长的不同阶段，我们不同的心理功能会有所发展，这是在运用心理类型工具时需要注意的地方，也是理解和判断自己和孩子的心理类型时的难点所在。

8种复合心理功能

心理类型工具不仅可以让我们在单一维度上看到个体的偏好，也给我们提供了复合的维度，我们可以将外倾（E）或内倾（I）的态度与感觉（S）、直觉（N）、情感（F）、思维（T）进行组合，于是就有了8种复合心理功能。

外倾感觉（Se）与内倾感觉（Si）

偏好外倾感觉（Se）的孩子有如下特点：

- 乐此不疲地参加各种各样的活动；
- 喜欢好吃的、好玩的，快乐地享受丰富多彩的生活，发现现实中各种美好的事物；
- 精力旺盛、反应灵敏，享受体育运动等躯体运动产生的舒适感，具有良好的身体协调性，可以从身边可接触的环境中学习各种操作与技能，热衷于需要亲自动手完成的活动；

● 更多地关注外部世界，表现出享乐主义的特点。

偏好内倾感觉（Si）的孩子有如下特点：

● 习惯用各种感官去收集信息，他们对各种现实的细节、规则非常敏感，如某种特殊的气味、某种拼写方式等，但是他们的心理能量是向内的，会把收集到的信息和记忆中的一些信息进行比较，强调现在与过去的联系。比如，衣服的味道和前几天的味道有什么不一样，某个人这次的打扮和上次有什么差别，等等。

● 偏好内倾感觉（Si）的孩子小小年纪就能很好地遵守纪律，常常用“应该如此”“必须如此”来要求与约束自己和别人，会非常耐心地完成各项作业与任务，甚至表现出完美主义的特点，常常是家长和老师眼里的乖孩子，喜欢常规性的活动，生活作息较规律。

外倾直觉（Ne）与内倾直觉（Ni）

偏好外倾直觉（Ne）的孩子有如下特点：

● 在应对陌生环境时，会表现出很强的探索欲，像侦探一样对周围的环境保持关注，希望能找到不同事物之间的关联；

● 喜欢关注那些可能会发生的事情，更喜欢谈论未来计划和将来世界的发展，而对已经发生的事的兴趣没那么浓厚；

● 常常语出惊人，说出一些出人意料的话；

● 不喜欢单调、呆板的环境，在这样的环境里常常会走神，不能安心学习；

● 热衷于想象力丰富的游戏，喜欢联想各种不相关的事情；

- 充满激情，热切地关注着未来会发生什么。

偏好内倾直觉（Ni）的孩子有如下特点：

- 一般很沉静，带着一种与生俱来的稳重气质；
- 对事物表现出异乎寻常的淡定和执着；
- 感觉他与天地自然有着某种说不清的联系，似乎一切都在他的意料之中；
- 喜欢按照自己的想法做事，也会竭尽全力去构思新的想法。

外倾情感（Fe）与内倾情感（Fi）

偏好外倾情感（Fe）的孩子有如下特点：

- 通常会表现出很强的关心别人的能力，情感功能对外，常常以别人为重，感受别人的需要，认为自己应该照顾别人的感受；
- 对人关怀体贴，让别人感到很舒适，也会积极回应他人的称赞；
- 对别人的支持表示感谢，热心、主动地与他人联系，拥有良好的人际关系；
- 在情感上能和别人融为一体，让人感觉亲密无间；
- 乐于奉献和付出，有时甚至会为了别人牺牲自我。

偏好内倾情感（Fi）的孩子有如下特点：

- 常常表现得以自我为中心，情感功能对内，考虑事情喜欢从自己的角度出发，比如，“我是不是喜欢”“我觉得怎么样”，等等；
- 能觉察出别人虚伪的动机，更喜欢参加个人觉得有意义的活动；
- 更看重建立内在的和谐，能识别并保护别人的真实需求，为了让别人享受快乐而尽力耐心地忍受别人，但是当自己的价值观受到挑战时，就会变得顽固而坚持；

- 不轻易表达自己，所以一般很难让人真正地了解。

外倾思维（Te）与内倾思维（Ti）

偏好外倾思维（Te）的孩子有如下特点：

- 小小年纪就表现出很强的领导力，能调动人力与物力，建立客观流程，明确先后次序，确保目标的实现；
- 能为自己的决定或结论给出合乎逻辑的解释；
- 热衷于不断前进和追求看得见的成果；
- 喜欢管理和监督别人。

偏好内倾思维（Ti）的孩子有如下特点：

- 喜欢思考问题，常常问“为什么”；
- 喜欢琢磨规律性的事情，比起事实更专注于事实背后的逻辑性原理；
- 面对问题和任务，第一反应往往是通过收集到的信息进行逻辑思考；
- 不断提出疑问，热衷于在解决问题的时候运用科学原理或其他领域的专业知识，但在其他人看来是一个安静、不合群和不近人情的人。

认识心理类型的功能

心理类型的功能分解

心理类型的四个维度一共有16种不同的组合，每一个组合代表一种心理类型，每一种心理类型都可以分解出优势功能、辅助功能、第三功能和劣势功能，这些功能在一个人的日常表现中起着不同的作用。表1中呈现了16种心理类型的复合心理功能分解。

表1　16种心理类型的复合心理功能分解

心理类型	优势功能	辅助功能	第三功能	劣势功能
1.外倾感觉思维判断（ESTJ）（管家型）	外倾思维（Te）	内倾感觉（Si）	外倾直觉（Ne）	内倾情感（Fi）
2.内倾感觉思维判断（ISTJ）（稽查者）	内倾感觉（Si）	外倾思维（Te）	内倾情感（Fi）	外倾直觉（Ne）
3.外倾感觉情感判断（ESFJ）（供给者）	外倾情感（Fe）	内倾感觉（Si）	外倾直觉（Ne）	内倾思维（Ti）

续表

心理类型	优势功能	辅助功能	第三功能	劣势功能
4.内倾感觉情感判断（ISFJ） （保护者）	内倾感觉 （Si）	外倾情感 （Fe）	内倾思维 （Ti）	外倾直觉 （Ne）
5.外倾直觉情感判断（ENFJ） （教育者）	外倾情感 （Fe）	内倾直觉 （Ni）	外倾感觉 （Se）	内倾思维 （Ti）
6.内倾直觉情感判断（INFJ） （提倡者）	内倾直觉 （Ni）	外倾情感 （Fe）	内倾思维 （Ti）	外倾感觉 （Se）
7.外倾直觉思维判断（ENTJ） （领导者）	外倾思维 （Te）	内倾直觉 （Ni）	外倾感觉 （Se）	内倾情感 （Fi）
8.内倾直觉思维判断（INTJ） （科学家）	内倾直觉 （Ni）	外倾思维 （Te）	内倾情感 （Fi）	外倾感觉 （Se）
9.外倾感觉思维知觉（ESTP） （发起者）	外倾感觉 （Se）	内倾思维 （Ti）	外倾情感 （Fe）	内倾直觉 （Ni）
10.内倾感觉思维知觉（ISTP） （操作者）	内倾思维 （Ti）	外倾感觉 （Se）	内倾直觉 （Ni）	外倾情感 （Fe）
11.外倾直觉思维知觉（ENTP） （发明家）	外倾直觉 （Ne）	内倾思维 （Ti）	外倾情感 （Fe）	内倾感觉 （Si）
12.内倾直觉思维知觉（INTP） （学者）	内倾思维 （Ti）	外倾直觉 （Ne）	内倾感觉 （Si）	外倾情感 （Fe）
13.外倾感觉情感知觉（ESFP） （表演者）	外倾感觉 （Se）	内倾情感 （Fi）	外倾思维 （Te）	内倾直觉 （Ni）
14.内倾感觉情感知觉（ISFP） （艺术家）	内倾情感 （Fi）	外倾感觉 （Se）	内倾直觉 （Ni）	外倾思维 （Te）
15.外倾直觉情感知觉（ENFP） （倡导者）	外倾直觉 （Ne）	内倾情感 （Fi）	外倾思维 （Te）	内倾感觉 （Si）
16.内倾直觉情感知觉（INFP） （治疗师）	内倾情感 （Fi）	外倾直觉 （Ne）	内倾感觉 （Si）	外倾思维 （Te）

优势功能通常是在成长过程中最先发展、运用起来最轻松的功能，也是大多数时候最常运用的功能。优势功能的发挥常常让我们有英雄般的感觉。

辅助功能的运用有助于优势功能的发挥，如同好的家长能对孩子的优势功能进行辅助那样。

第三功能起的是替补队员的作用，是辅助功能的替补。第三功能会和辅助功能进行合作，但常常稳定性不佳，有时可能让我们表现得很出色，有时也会让我们表现得很幼稚。运用第三功能时常常表现得像一个长不大的小孩。第三功能和辅助功能在态度与功能上完全相反。

劣势功能是一个人最不擅长的功能，想要发挥劣势功能的优势，常常需要我们有意识地加强运用，付出极大的努力，但是效能一般。优势功能和劣势功能在态度与功能上相反。

对照表1，通过MBTI量表测评来确定自己的心理类型后，我们就能知道自己的优势功能、辅助功能、第三功能和劣势功能。

不同心理类型的典型表现

依据每一种心理类型的功能组合和排列，我们可以总结出每一种心理类型的特点。

外倾感觉思维判断（ESTJ）（管家型）：

- 思维缜密，考虑实际而具体的事情，注重实效；
- 善于管理、组织与执行，依据现实情况和程序制订计划和目标；
- 通过感觉观察世界，善于感知并记住各种具体细节；

- 能够忍受各种规矩，处理各种程序化的事务；
- 难以捉摸的抽象事物会影响安全感。

内倾感觉思维判断（ISTJ）（稽查者）：

- 重视逻辑、分析和决断；
- 尽职尽责；
- 关注细节，善于发现漏洞和错误；
- 具有较高的专注性；
- 难以理解与自己相距甚远的需求；
- 不能容忍粗心大意所犯的错误。

外倾感觉情感判断（ESFJ）（供给者）：

- 热衷于为他人服务；
- 关注自己与他人的各种生活经历；
- 能言善辩；
- 与人相处融洽；
- 遵循常规；
- 热衷于追求财富。

内倾感觉情感判断（ISFJ）（保护者）：

- 习惯参照过去的经验来应对现实问题；
- 重视人与人之间的忠诚、关怀与大众的幸福；
- 善于照顾他人；
- 对于现实的责任与义务能很好地完成。

外倾直觉情感判断（ENFJ）（教育者）：

- 表达能力强；

- 为人热情，追求关系中的和谐，富于感染力；
- 对于新鲜的观点充满好奇；
- 喜欢阅读；
- 能够包容各种理论、视角和见解。

内倾直觉情感判断（INFJ）（提倡者）：

- 天生懂得关心他人；
- 将自己的直觉倾注于人及与人相关的各种问题；
- 关注人类的发展和幸福。

外倾直觉思维判断（ENTJ）（领导者）：

- 通过直觉理解世界；
- 关注未来发展的可能性而非已知的事实；
- 对新的想法充满好奇；
- 热衷于钻研高深的理论，尝试解决复杂的问题；
- 具有敏锐的领悟力；
- 富有远见，见解深刻。

内倾直觉思维判断（INTJ）（科学家）：

- 最独立的心理类型；
- 具有不拘一格的想象力；
- 总能看到别人看不到的机遇；
- 对外部世界运用思维作出准确、客观的判断；
- 热衷于不断解决新问题以提升自己的能力；
- 对科技怀有浓厚的兴趣，擅长数理学科；
- 在应对高难度的挑战时充满热情，高产高效。

外倾感觉思维知觉（ESTP）（发起者）：

- 依据思维进行判断；
- 清楚某种行为或决定的逻辑后果，容易理解事物背后的原理；
- 擅长数学；
- 严谨务实，喜欢实际行动。

内倾感觉思维知觉（ISTP）（操作者）：

- 热衷于实践和应用科学，拥有很强的动手能力；
- 擅长与数字打交道；
- 通过感觉了解事物；
- 能从凌乱的信息中发现意义，具有将理论应用于实际的天赋。

外倾直觉思维知觉（ENTP）（发明家）：

- 热衷于发现各种可能性，不遗余力地把“可能”变成现实，一旦可能性处于实现的边缘时，又会将注意力转向其他事情；
- 独立自主，善于分析。

内倾直觉思维知觉（INTP）（学者）：

- 擅长抽象思维，拥有敏锐的理解力，能深刻地理解事物；
- 对知识怀有无比的好奇，在解决问题时总能想出各种机智的点子；
- 直觉功能让他们难以形成固定的行为模式。

外倾感觉情感知觉（ESFP）（表演者）：

- 依据情感进行判断；
- 兴趣和精力主要集中于人身上，亲切友善，善于与人打交道；
- 具有较高的艺术品位与鉴赏能力；
- 逻辑分析能力不强；

- 常常心慈手软。

内倾感觉情感知觉（ISFP）（艺术家）：

- 感性、敏感；
- 动手能力强；
- 重视品位；
- 了解自己的现实需求；
- 需要属于自己的自由空间；
- 热爱大自然和小动物。

外倾直觉情感知觉（ENFP）（倡导者）：

- 为人热情，善于与人打交道；
- 充满感染力，能够鼓舞人心；
- 善于发现人身上的各种新的可能性。

内倾直觉情感知觉（INFP）（治疗师）：

- 具有很高的语言天赋；
- 充满想象力和洞察力；
- 喜欢文字表达；
- 尽力避免不必要的个人接触。

根据心理类型选择理想的教养方式

依据心理类型的观点，理想的教养方式是顺应孩子的先天偏好，帮助孩子展现出给人带来自信的优势功能，发展出有益的辅助功能和创造适度平衡的第三功能，意识到自己劣势功能的不足，有意识、有目的地加以改进或促进。

比如，一个内倾的孩子，可能天生就具有内倾情感（Fi）的偏好，很小就表现出要依据自己的喜好来做决定的特点。我们可以顺应这样的偏好，让孩子去表达自己的感受和看法，让他更明确自己的需求、喜好，建立自己的信念。

在足够安全、得到充分支持和包容的成长环境中，他会小心翼翼地向外探索，用外倾直觉（Ne）的功能接收外在信息，发展出自己信得过的辅助功能，发现外在世界人和事的各种可能性。

当他发现不同情形会有不同的后果时，会依据自己内在的信念去存储和加工自己的经验，知道某些情形会被奖赏，是让自己舒服的，可以继续做这样的事情；而另一些情形是会被阻止和惩罚的，会让自己不舒服，那就不可以继续做那样的事情，这个孩子会自然地发展出自己内倾感觉（Si）的第三功能来加以平衡。

内倾情感（Fi）偏好的孩子常常行动缓慢，但是到了一定年龄，当他发现按计划或按要求去完成任务可以给自己带来益处时，会努力发展自己外倾思维（Te）的劣势功能，增强自己的行动力。因为是劣势功能，他需要投入大量的精力，付出足够多的努力才能做到。

如果他付出巨大的努力得到了期望的结果，让他内心满意，这会是一个良性的促进，会在优势功能与劣势功能之间加以平衡。但是，如果付出了努力结果却不理想，那他通常会像泄了气的皮球一样，很难再鼓足劲儿去行动，如果一再地努力付出都结果不佳，势必会让他沮丧甚至抑郁。

这个例子是内倾情感（Fi）+外倾直觉（Ne）+内倾感觉（Si）+外

倾思维（Te）的组合。对照表1的心理类型功能分解，可以看出这是一个具有内倾直觉情感知觉（INFP）心理类型特点的孩子可能表现出的发展轨迹。

如果顺应孩子的先天偏好，给予后天的支持与鼓励，帮助孩子发展出更多方面的功能并加以平衡，那么每个孩子都会实现作为一个独立个体得以成长的愿望。

AI CONG KAN JIAN
HAI ZI KAI SHI

第 2 章

培养孩子的基本能力，从看见孩子开始

识别孩子的心理类型，培养领导力

领导力是能让自己和这个世界变得更好的影响力，真正可贵的领导力体现在拥有全局思维，能够放下个人得失、短期利益，享受实现目标的过程，注重合作关系带来的快乐。

《儿童领导力》一书的作者艾伦·尼尔森说：“领导力是一个过程，是帮助人们团结在一起完成个人无法完成的事情，而领导者就是让这个过程发生的人。”

培养孩子的领导力，不是要把孩子培养成职位高、有权力的人，而是通过培养孩子的全局感知能力、责任感、主动性、独立思考能力、沟通与协调能力等，让他们能积极地影响自己，也能积极地影响周围，推动自己和他人更好地发展。

与领导力密切相关的心理类型

优势功能是外倾思维、辅助功能是内倾直觉的心理类型最能体现出领导力特点。对照上一章表1可以知道，这种类型是**外倾直觉思维判断（ENTJ，领导者）**。

表现出外倾直觉思维判断（ENTJ）特点的人常常对外部环境的变化异常敏锐，在紧急突发状况下能做到理性分析，善于找到控制局面的核心关键，擅长制订有效的计划，并严格落实，直到达成目标。

在人群中，不论性别如何，具有这种心理类型特点的人都会表现出很强的气场，走路的姿势、眼神等都能感染别人。

历史上很多著名的将领、当代很多知名的企业家都是具有这种心理类型特点的人。

具有这种心理类型特点的孩子似乎天生就具有一定的领导力，是“孩子王”。但是这样的孩子常常并不是家长、老师眼中听话的乖孩子，反而因为他们有自己的想法，会与家长或老师对抗。

有的孩子天生具有领导力

爸爸要求小明每天大声朗读一篇报纸上的社论，期望通过这种方式加强小明的逻辑思辨能力。

正在上四年级的小明每天把这件事当成苦差事，通常刚开始还能大声地读出来，读着读着就变成了像蚊子一样哼哼的声音。爸爸对此极为恼

火，常常对他大声训斥，但小明依然故我。妈妈夹在中间极为苦恼。

我对小明的长相印象深刻，他的眉宇之间有一股英气，一看就是一个有自己想法的孩子。果然，在沙盘游戏过程中，小小的沙盘就成了小明展露自己想法的天地，运筹布局、人物场景、局部细节都把握得非常好，把自己的构思生动、鲜明地呈现在了沙盘中。

从心理类型的角度分析，他是典型的外倾思维（Te）+内倾直觉（Ni）的孩子。我从他的父母那里了解到，小明对待功课没有那么认真细致，但还过得去。不过，他在学习之余的一个爱好却引起我的关注。

与大多数同龄的孩子沉迷网络游戏不同，小明喜欢带领小伙伴在小区里玩耍，召集大家、策划活动、安排角色分工，是个典型的“孩子王”。他在闲暇时间不遗余力地组织这些活动，在小伙伴中有很强的号召力。这也印证了小明在沙盘游戏过程中的表现，他是一个精力充沛的孩子，能量过剩，闲不下来。

精力充沛的孩子

精力过剩是领导力强的孩子的一个重要表现。在儿童阶段他们特别会玩，往往能够自发组织起一个活动或游戏，让其他小伙伴投入其中，他们的能量和激情可以感染别的孩子。这样的孩子在成年之后常常是可以把大量能量投入团队工作中的人，通常会成为团队领袖。

但在小伙伴中颇具领导力的小明一回到家，尤其是一见到爸爸，就像斗败了的小公鸡，蔫头耷脑的，让爸爸妈妈一看就来气。爸爸妈妈想不明白的是，在外面玩得那么生龙活虎，怎么一干正事就垂头丧气呢？

小明的爸爸非常内向理性，是内倾思维（Ti）+外倾感觉（Se）的心理类型。小明的妈妈非常内向感性，是内倾情感（Fi）+外倾感觉（Se）的心理类型。他们的内倾特点导致他们不能理解小明的外倾表现，为什么小明就不能在家安安静静地完成既定的任务？家里也不是不让他玩，只要认真完成规定的任务，就可以做他自己想做的事了。

他们无法理解小明为什么要花那么大力气来对抗爸爸的要求，他们的感觉功能导致他们不能理解小明的直觉功能，父母会纳闷，让小明按部就班地完成任务有那么难吗？

小明的爸爸要求小明读报纸来提升思维能力，这个方法用在那些爱钻研的孩子身上一定有效，但用在小明身上就失去了效果。原因有两点：一方面，由于爸爸是用强制方式给他安排任务，对于一个有自己想法的孩子来说，他肯定不会欣然接受；另一方面，内倾思维（Ti）的方式并不适合外倾思维（Te）的人。

父母怎样培养孩子的领导力

领导力不是当领导的能力，而是拥有全局思维，能享受实现目标的过程，并注重合作关系带来的快乐。

◆ 鼓励孩子参与家庭与社会事务

培养孩子的领导力，先要培养孩子的全局思维。作为家长，可以给他们提供一些机会参与家庭、社区和社会活动的组织工作，鼓励他们以开放的心态去观察活动流程与细节，揣摩活动过程中人与人之间的互动、事情发展的方向与规律，去发现问题或需要改善的方面，尝试着思考可行性的解决方案。

如果家长过分强调个人眼前的得失，在孩子从全局角度考虑去满足他人需求的时候，不是给予鼓励与支持，反而进行批评与打压，势必会破坏孩子的全局观，让孩子退回到自我保护的基本需求中来。

◆ 培养责任感与主动性

在领导力的培养中，责任感与主动性也是重要的一环。

有责任感的孩子通常会表现出对自己所负责的事情具有很强的主人翁精神，即便在不利的客观条件下，他们也总是想尽力完成任务、达成目标。

为了培养孩子的责任感，我们可以给孩子讲一些真实的榜样故事，比如新闻人物、历史人物等，让孩子了解那些人无论顺境或是逆境都能坚持不懈地完成自己的使命和任务；也可以与孩子一起探讨一些负面案例，比如某些人不负责任的行为给他人或社会所带来的危害。

主动性强的孩子常常表现出超强的行动力，常常在有想法的时候很快地付诸行动，他们不会等到父母、老师、伙伴都认可了才去做，也不会等到完全确认这件事符合常规并且足够安全才去做。他们会边做边摸索，即使是完全错误的方向，这很可能导致孩子经常做一些看上去很蠢的事，有可能被责罚。

但这些探索常常是领导力的早期信号，这样的孩子有着非常强烈的愿望和热情去影响别人、改变世界。对于这样的孩子，我们要观察有哪些事情能激发他的主动性；然后，鼓励他自己去寻找力所能及的解决方案，并和他一起探讨方案的可操作性；最后，义无反顾地支持他的行动。

◆ 给予孩子独立思考与表达主见的机会

要培养与锻炼孩子的领导力，独立思考与表达主见是不可或缺的能力。有独立思考的能力，才有可能在遇到问题的时候想到可行的办法，去打破困境；具有良好的沟通能力才能清晰地表达出自己的诉求，号召与影响他人，让整个团队的目标更明确。

孩子越长大，越“不听话”，这正是因为他们开始有了自己的想法和喜好，父母与其抓狂、抱怨孩子不配合，不如倾听、尊重并鼓励他们作出符合年龄的选择。

父母在与孩子相处和交谈时，要给孩子提出自己想法的机会。可以根据交谈内容经常发问，比如，“这两者有什么关系”“你觉得怎么做会更好”“你的想法有什么根据”等问题，激发孩子独立思考，鼓励孩子遇到选择自己做决定，遇到问题自己找出解决的方法。

鼓励孩子多参加课外活动，比如参加运动队、社团或组织。

在学习之外留出足够的时间让孩子和同龄人打交道，从中获得经验和能力。爸爸妈妈还可以带着孩子一起组织他的生日会，从确定方案到现场布置，从邀请客人到节目安排，再到活动的预算，锻炼孩子的组织能力和整体掌控能力。

假期可以让孩子做一份家庭出游规划书，和孩子一起安排行程，及时对孩子提出的建议给予鼓励，一起研讨方案的可行性和问题，在实践中提升孩子的自信和自主思考能力。

作为家长，我们期望着孩子能成为积极、主动、有影响力的人，可能又会在当孩子表现出一定的责任感、主动性和独立见解的时候无意识地破坏和打压。因此，在教育孩子的时候，我们需要时常反思自己的教育方式是否会无形中扼杀孩子的领导力。

识别孩子的心理类型，培养逻辑思维能力

逻辑思维是人的理性认识阶段，是人运用概念、判断、推理等思维功能反映事物本质与规律的认识过程。

逻辑的作用渗透在生活中的各个领域，如果一个人能自觉地注意逻辑思维，能使头脑更聪明、语言更精确、分析事理更敏锐，从而提高自己的思维效率和学习、工作能力。

逻辑思维发展的一般规律

瑞士心理学家皮亚杰认为，儿童的认知发展分为不同的阶段，而且是一个阶段完成了才能进入下一个阶段，但是因为教育影响或孩子自身发展的特点等因素，有的阶段可能会推迟或提前。大家可能会发现，有些孩子的逻辑思维发展得较快，有些孩子的逻辑思维发展得很缓慢。

现在的观点认为，这些阶段的思维特点不是简单的“全”或“无”，一个人可能同时具有不同的思维，比如直觉思维与逻辑思维并存。

在心理咨询工作中，我经常会遇到一些小学三四年级的孩子，他们因为多动、成绩不佳而被送来接受心理帮助。在沙盘游戏过程中，他们常常出现非常低龄化的感知运动的游戏，拿着一些东西敲敲打打，或者跑来跑去，没有象征性游戏的能力，也没有兴趣开展规则性游戏。如果从思维发展的角度对他们加以评价，这些孩子的思维发展明显滞后于他们的年龄。

思维发展滞后的原因可能是遗传、身体疾病、大脑受损等，导致大脑功能本身不够良好。这种情况下，我们只能以接纳的态度去帮助孩子，以适宜他们的方式去适应现实的生活。

思维发展滞后也有可能是在思维发展的各个阶段缺乏足够的环境条件去顺应孩子的发展需求所致。例如，在儿童2岁前的动作发展阶段，我们需要提供足够安全的环境让孩子去完成动作的探索，如果总是对这个阶段的孩子加以限制，这一阶段的发展就不能充分、及时地完成。

与逻辑思维密切相关的心理类型

内倾思维（Ti）功能让人关注事物背后的原理，倾向于用思维去分析世界，表现出逻辑性、客观性和批判性；外倾思维（Te）功能让人运用自己的思维去推动世界的发展，通过向外的逻辑思维运作计划、发布指令与监督实施。与感知信息的直觉功能相结合，无论内倾思维还是外倾思维，都会表现出鲜明的直觉思维（NT）的功能特点；与感知信息的感觉功能相结合，无论内倾思维还是外倾思维，都会表现出鲜明的感觉思维（ST）的功能特点。

◆ 养育直觉思维（NT）功能强的孩子

直觉思维（NT）功能强的孩子天生就具有较强的逻辑思维，在学习数理知识的时候，常常会比同年龄的孩子更早地表现出逻辑思维的特点。

内倾直觉思维判断（INTJ）类型的孩子常常会显得孤僻不合群，很难和他们靠近。这一心理类型的第三功能是内倾情感，这就使得他们的自我认同一直会表现得比较孩子气，他们总是需要被呵护，这样才能维持他们日常学习和工作的稳定。如果缺乏情感，INTJ类型的人会变得独断专行、固执己见，对于批评无动于衷，“疯狂的科学家”就是压抑情感的极端例子。

内倾直觉思维知觉（INTP）类型的孩子常常比较害羞，在成长过程中，常常难以应对日常的人际关系。面对这群怯怯的孩子，需要真诚而温暖的对待，切记不可以和他们讲大道理，需要从情感层面理解他们内心的敏感、恐惧与不安，并主动地帮助他们将情绪表达出来。

在心理工作中，我们称此为“镜映”。我们要像镜子那样，帮助他们把内心的感受映照出来，否则他们就似乎生活在一团迷雾之中，或是笼罩在一片乌云之下，难以言说，无法应对。

这两类先天有着较好的逻辑思维发展潜能的内倾直觉思维（INT）型孩子，要想把他们培养成真正适应社会化生活的人，需要充分的情感呵护。他们不适合过早地在学校寄宿，也不适合寄养在其他陌生的环境中，他们需要家这个温暖的港湾。

外倾直觉思维判断（ENTJ）类型的孩子热衷于运用逻辑思维去落实未来发展的各种可能性，不会持久地关注常规沉闷的学习。对于这些精力旺盛的孩子，可以引导他们在学习之余去计划、实施一些他们感兴趣的项目，发挥逻辑思维能力。

外倾直觉思维知觉（ENTP）类型的孩子热衷于运用逻辑思维去解决一些未解的难题，具有“发明家”的特点，但是常常在问题即将解决之时，兴趣又转向新的问题，让人感觉有些虎头蛇尾。可以引导这一类型的孩子将问题解决并落实，增强其运用逻辑思维解决问题带来的成就感。

◆ 养育感觉思维（ST）强的孩子

感觉思维（ST）功能强的孩子主要依靠感觉来获取信息，习惯于运用思维对信息进行判断，通常会客观地分析自己所掌握的信息，依赖思维，习惯通过一步步的逻辑推理来验证自己的假设，进而得出最终的结论。

外倾感觉思维判断（ESTJ）、内倾感觉思维判断（ISTJ）、外倾感觉思维知觉（ESTP）和内倾感觉思维知觉（ISTP）四种心理类型都表现出较强的感觉思维功能特点，具有这些心理类型特点的孩子对数理学科都比较擅长。

外倾感觉思维判断（ESTJ）和内倾感觉思维判断（ISTJ）类型的孩子通常具有较好的持久性与专注力，成绩通常比较稳定。

外倾感觉思维知觉（ESTP）和内倾感觉思维知觉（ISTP）类型的孩子则有可能兴趣点较发散，因逻辑思维功能不能持久地聚焦于学习而导致学习成绩波动。

针对这两种类型的孩子，在成长过程中需要引导他们关注自己感兴趣的问题，通过逻辑思维功能解决问题，增强他们对自己逻辑思维功能的积极认同。

◆ 养育情感（F）功能强的孩子

情感（F）功能强的孩子，尤其是感觉情感（SF）功能强的孩子，逻辑思维功能的发展常常相对要弱一些，在学习数理科目时会有困难。

对于劣势功能的培养与加强，常常是事倍功半。在这种情况下，需要鼓励孩子以自己的优势功能作为自信的来源，在此基础上，再去努力发展劣势功能。

上高二的小莉感受到很大的学习压力，妈妈细心地询问她在学习不同科目时的感受，发现她的压力主要来自物理的学习。小莉觉得自己投入120分的精力才能勉强将物理保持在七八十分，而语文、历史这些科目学起来就很轻松。

妈妈果断地支持小莉从理科班转到文科班，小莉的优势功能得到充分发挥，最后在高考时出人意料地考出非常优异的成绩。小莉如今已经成为一名具有国际资质的执业律师，她一直感恩妈妈能够在高二时根据实际情况帮自己做出转变的决定。

情感功能强的孩子在发展逻辑思维时，常常容易受人的因素的影响，逻辑思维功能强的人常常喜欢批判他人，情感功能强的孩子面对逻辑思维功能强的老师时常常会心生畏惧或逃避心理，这样越发不利于他们逻辑思维功能的发展。他们需要温和而有耐心的老师循序渐进地进行引导，给予鼓励、支持与理解，这样他们才能面对自己的劣势与困难。

识别孩子的心理类型，培养好人缘

一个人有好人缘，在生活中便会有比较好的人际关系。他自己会乐于帮助别人，而当自己需要别人帮助时，也常常容易得到帮助，在社会生活中不容易有孤独感。

与好人缘密切相关的心理功能

与好人缘密切相关的心理功能是外倾情感（Fe）和内倾情感（Fi），这两种心理功能的具体特征详见第1章。

小乖是一个表现出外倾情感（Fe）特点的女孩，她处处为他人着想，对妈妈体贴关怀，对老师也非常关心，常常帮助同学与朋友。但她不像别的孩子那样撒娇耍赖，小小年纪就担负了很多压力。

小文和小武则是两个具有内倾情感（Fi）特点的男孩，刚认识新朋友的时候，因为他们自己内心非常缺乏安全感，经常与朋友发生矛盾。但是随着他们内心日趋稳定，人际关系也有了明显的改善，开始能够发自内心地理解别人的感受。

◆ 养育外倾情感（Fe）强的孩子

ENFJ和ESFJ的孩子精力充沛、有同情心。在16种心理类型中，以外倾情感为优势功能的有两种，分别为外倾直觉情感判断（ENFJ）和外倾感觉情感判断（ESFJ），辅助功能分别是内倾直觉（Ni）和内倾感觉（Si）。

这两种类型的人的共同点是精力充沛、友好健谈、富有魅力、擅长交际，深谙社会之道，在意别人对自己的称赞和批评，具有和谐的人际关系，并且能不断努力以获得和维持这种关系。

这两种类型的人都富有同情心，可能会对一些人和事的情感涉入过多。他们热衷于接受赞扬，对于批评与漠视非常脆弱，甚至对他人好意的批评都很难接受。

由于高度重视和睦的关系，习惯于用自己的希望和标准来衡量客观事物，对人际关系有着理想化的期待，容易忽视与个人期望相矛盾的事实。

他们非常在意别人的情感，以至于当情况涉及批评或伤害时，他们会对重要的事实选择视而不见，避免冲突，忽视自己的需求和真实的问题，而不是毫不含糊地处理与解决问题。

不同的是，外倾直觉情感判断（ENFJ）类型的人喜欢指导他人，善于鼓励他人，能促使他人或团队发挥潜能，具有很强的影响别人的能力，是公共关系专家，或是出色的传播工作者，或是喜欢谆谆教诲的教育家。

外倾感觉情感判断（ESFJ）类型的人常常谨慎、传统，通过直接的行动和实际的方法帮助别人，是团队中积极主动和乐于合作的成员，具有供给者的特点。

小凯是一个典型的具有外倾直觉情感判断（ENFJ）特点的孩子，高一时因为情绪不佳被妈妈带来见我。他的妈妈告诉我，从小到大他一直是一个热心肠的人，小伙伴有困难需要帮助时都会找他。上高中后，他的热心肠依然得到老师和同学的认可，他也依旧积极参与班级事务。

但是高中的数理化学习难度一下子加大，他没能适应，考试成绩不理想。这时他又发现，到了高中同学们似乎都在埋头苦学，对于班级事务并不热衷。所有这些让他的心情越来越糟，每天早晨起床上学变成了一件非常痛苦的事情，他常常诉说身体不适，出现了抑郁的症状。

小凯坐在我面前时，我完全想象不到他意气风发颇具大哥风范的样子，他低着头，没有强烈的求助动机。我试着询问他的感受与情绪，他总会绕回去说他的身体感觉，谈话进行得很艰难。只见了一次，他便再也不愿意来见我了。

这个少年曾经有过的理想化的热忱，似乎被自己成绩的不理想、其他同学只为自己着想的态度击垮了。他无法直面自己的不足，无法言说自己的痛苦、郁闷，只能借由身体症状加以表达。

关注孩子，培养好人缘。当面对热心肠、富有责任心的孩子时，不要一味去鼓励他们为他人服务；不要将“好人缘”变成他们的负担，也不要让他们成为不能表达自己需求的“老好人”，而需要直接关心他们自身的需求与感受。

同时，在日常的教育中，也要让孩子们意识到，积极的批评也有促进成长的可取之处，适当的挫折教育可以磨炼意志。一个越外向、热情的人，内心越可能住着一个需要被关注的脆弱的内在儿童，一旦遭遇挫折与批评，这个脆弱的内在儿童将难以面对。

INFJ和ISFJ的孩子内向敏感、甘于“奉献”。与外倾直觉情感判断（ENFJ）、外倾感觉情感判断（ESFJ）相似，但又更内向、敏感的是内倾直觉情感判断（INFJ）和内倾感觉情感判断（ISFJ）。这两种心理类型的辅助功能是外倾情感（Fe），所以也会具有外倾情感所表现出的特点。

INFJ类型的人强烈地渴望为他人的幸福作贡献，内向、敏感又热切，很难被人了解，但往往有一个交情深厚、持久的小规模的朋友圈。

ISFJ类型的人忠诚，有奉献精神，勤奋务实、平和谦逊，喜欢用实际可行的方式帮助他人，不喜欢表达个人情感，有强烈的为他人服务的意识，常常为了完成责任和义务，亲力亲为，一丝不苟，容易陷入过度劳作的劳累之中。

虚心与坦诚带来好人缘。以上这四种心理类型的孩子都是运用外倾情感（Fe）的方式与人建立关系，人际关系状况都相对良好。需要注意的是，他们要学会接受自己以及自己所关心的人的缺点，学会从积极的批评中获得有用的信息，坦诚地接受和处理人际关系中必不可少的冲突。

在帮助别人之前，最好看一看别人是否希望得到建议或者帮助。既要避免把自己的情感诉求强加在别人身上，也要学会适当拒绝别人。在必要时，也需要主动向别人寻求帮助。

◆ 养育内倾情感（Fi）强的孩子

ESFP和ENFP的孩子热情活泼、擅长交际。我们也会遇到另外一些脾气随和、适应性强、热情友好和慷慨大方的孩子，他们和上面所说的运用外倾情感（Fe）的方式与外界互动的人不同，他们容易理解和接受自我和他人，往往不会试图把自己的愿望强加于他人，乐于与人相处。有的人发自内心地对生活充满热情，顽皮活泼，可以通过真诚和玩笑让别人感到事情更加有趣。

具有外倾感觉情感知觉（ESFP）特点的人擅长交际，常常是别人的“注意中心”，乐于合作地去参加各种活动和节目，甚至有时可以同时应付几种活动；具有外倾直觉情感知觉（ENFP）特点的人具有出色的洞察力，常常关心他人的发展，乐于帮助别人发现各种新的可能性。

ESFP和ENFP的人的共同之处，就是辅助功能都是内倾情感（Fi），表现在外的优势功能分别是乐于享受生活的外倾感觉（Se）和具有洞察力的外倾直觉（Ne）。立足于内倾情感（Fi）的辅助功能，他们可以了解自己的内在需求，也因此可以理解与接受他人内心的真实需求，不会把自己的情感与想法强加于人。

他们表现在外的活泼热情的感染力又常常吸引别人向他们靠拢，所以这是一群拥有好人缘的人。但他们同时也不会给自己很大的压力，不会为了他人而牺牲自己，与他们交往会让人感觉很轻松。这是一类善于灵活变通的人。

INFP和ISFP的孩子安静内向、忠诚随和。以内倾情感（Fi）为优势功能的有内倾直觉情感知觉（INFP）和内倾感觉情感知觉（ISFP）两种，分别以外倾直觉（Ne）和外倾感觉（Se）为辅助功能。

与ESFP和ENFP的活泼外向不同，这两种心理类型的孩子安静、内向，对自己和他人的需求和情感会更加敏感，在人群中不轻易表达自己的看法，显得沉默而冷静，一旦与他们熟络了，他们就会变得热情而友好。

具有内倾直觉情感知觉（INFP）特点的人会尽力避免肤浅的交往，不愿意参加那些客套的聚会，珍视那些花费时间去思考个人目标与价值的人，会乐意和志同道合的人交谈。

具有内倾感觉情感知觉（ISFP）特点的人表现得耐心与灵活，容易与他人相处，很少支配或控制别人，善于观察周围的人和物，常常是忠诚的追随者和团队成员。

这两种类型的孩子不是人群中光彩夺目的人，但是也能以让自己舒服的方式与他人建立关系。怡然自得是他们最舒服的状态，所以不需要刻意地要求他们改变自己成为备受瞩目的对象。

弱势的人际关系心理类型该如何培养

◆ 养育外倾思维（Te）强的孩子

外倾思维（Te）孩子的特点。容易造成人际关系问题是外倾思维（Te）的特点之一。他们的思维功能让他们容易发现别人的缺点与不足，加上外倾的特点，又会急迫地要把这些发现说出来，而且通常都是以严厉的口吻对人加以批评，常常会让听的人倍感受伤，不愿意靠近他们，久而久之，树敌颇多。

所以，具有外倾思维（Te）特点的孩子可以适当地加强自己的情感功能，试着去感受一下别人的处境，增强自己感同身受的共情能力。要让这些具有优势思维功能的孩子发展出一定的共情能力，只有在他们自己被认同、被共情、被关爱的前提下，才有这种可能，否则他们就会展开激烈的

“自卫反击战”。

在一所医院举办心理类型讲座后，一位女医生向我倾诉了她的困惑。她的儿子11岁，成绩非常优秀，但是因为争强好胜，常常得理不饶人，如果被批评了，无论是对着家长还是对着老师，他都要说出个一二三来。爸爸总是要用道理说服他，因此他和爸爸的关系越来越糟糕。

在学校里他非但不能扭转老师对他的批评态度，反而让老师日益反感他的狡辩。妈妈对他的这种状态非常烦恼，时常对他说：“你总是说这么多想法是不对的，能让着别人的时候，就得让着别人。”

试想这个孩子的境遇，一个11岁即将进入青春期的少年，很聪明，自然而然地运用思维功能在发展和确认自我意识。爸爸和老师都用强势的讲道理的方式去打压他，他在被打压后短时间内确实压抑了自己的想法，但是蓄积的情绪在下一次冲突中又会爆发出来。唯一比较亲近的妈妈也并没有认同他的自我意识的发展，只是说着道理要求他谦让。

充分而积极的认同。这可能是一个外倾直觉思维判断（ENTJ）类型的孩子，有着很强的心理能量，这样聪明且争强好胜的孩子，只有得到充分的积极认同，才有可能真正地去包容别人，为别人着想。

◆ 养育内倾思维（Ti）强的孩子

内倾思维（Ti）的孩子渴望关系、害怕孤独。以内倾思维（Ti）为优势功能的人常常在人群中渴望关系、害怕孤独，但又不善于灵活地建立人际关系。

内倾直觉思维知觉（INTP）和内倾感觉思维知觉（ISTP）都以内倾思维（Ti）为优势功能。

与前面所说的INFP和ISFP有着相似之处，具有这些心理类型特点的人在人群中都比较安静，不轻易表达自己。不同之处在于，具有INFP和ISFP特点的人，如果内倾情感（Fi）功能处于稳定状态时，能够满足于自己的需求，乐于独处，而具有INTP和ISTP特点的人，其优势功能是内倾思维（Ti），这会让他们表现出既渴望建立关系又害怕建立关系，或者说不知如何开始，很难付诸行动，在人群中总是显得怯怯的。

用包容与鼓励培养好人缘。他们需要包容与鼓励，当感受到真诚而温暖的回应后，他们就能安稳下来，并将这份温暖传递给身边的人。当我们遇到这些表现出怯怯神态的孩子时，千万不要再挤对他们，给他们一些温暖的回应，他们的内心才会慢慢舒展。

尊重内在需求，发展好人缘

不同心理类型的人在人际交往中表现出各自的特点，或者乐于付出、希望被赞许，或者因为接纳自己而能忍耐别人，或者安静内敛不想轻易被打扰，或者安静内敛但又期望得到别人的关注，或者因为自己不被认同而身披铠甲、咄咄逼人，或者因为自己不被认同而回避与人交往，每个人的内在都有着自己的情感需求。

在发展自己的人缘时，充分意识到自己的内在需求是重要的基础，只有这样才能避免自己成为委曲求全的“老好人”，也能避免自己四处战斗，既伤害了别人又伤害了自己。

识别孩子的心理类型，提升洞察力

洞察力（insight），也称预见力，是指能深入事物或问题，多方面观察，通过繁杂的表面现象抓住问题的实质，把握核心，判断出事件背后本质的能力。具有洞察力的人，看问题常常入木三分，不容易被表象所迷惑。

比如，大侦探福尔摩斯第一次见到华生，就能看出他刚从阿富汗回来。缺乏洞察力的人常常只见树木，不见森林，在做决策时，因为无法抓住问题的本质，纠结矛盾，而无法制订出有效的方案。

生活中我们总会遇到一些喜欢刨根问底，凡事一定要探寻真相，不搞清楚背后原理心里就难受的人，这样的人往往拥有超越常人的洞察力。而当我们自己运用洞察力去获得新思路的时候，常常有一种茅塞顿开的感觉，进而产生愉快的体验，对自己的想法充满信心。

洞察力可以让我们的想法和生活更精彩，帮助我们获得全新的思路，让我们用新的方式更准确、更全面、更有效地去理解、感知、行动和热爱。

与洞察力密切相关的心理功能

与洞察力密切相关的心理功能是外倾直觉（Ne）与内倾直觉（Ni），这两种心理功能的具体表现详见第1章。

外倾直觉（Ne）和内倾直觉（Ni）因为都具有直觉的特点，因而有着丰富的想象力。

外倾直觉（Ne）是因为对外在事物或人的敏锐和多角度的观察而表现出洞察力。

内倾直觉（Ni）则是因为内在的感知，能预知某些未知的事情即将发生而表现出洞察力。

表现出外倾直觉（Ne）特点的心理类型有ENFP、INFP、ENTP和INTP，分别是外倾直觉（Ne）和内倾情感（Fi）的组合或外倾直觉（Ne）和内倾思维（Ti）的组合。

表现出内倾直觉（Ni）特点的心理类型有INTJ、ENTJ、INFJ和ENFJ，分别是内倾直觉（Ni）和外倾思维（Te）的组合或内倾直觉（Ni）和外倾情感（Fe）的组合。

◆ 养育外倾直觉（Ne）强的孩子

外倾直觉（Ne）类型的孩子好奇心较强。好奇心是开启外倾直觉（Ne）洞察力的前提，没有好奇心就没有洞察力的发展。根据皮亚杰关于儿童认知发展阶段的观点，2～7岁是儿童表象与直觉思维发展的阶段，这个阶段的孩子可以站立行走，语言也在不断发展，对外在的世界充满了好奇，会尝试用各种力所能及的方式去探索。

有的孩子时常会问无数个“为什么”，让大人难以招架；有的孩子会睁着双眼好奇地观察；有的则手脚并用，亲力亲为地体验各种不同的事物。

如果在这个阶段，出于各种原因，大人对孩子进行限制或控制，不允许他们安全而自由地探索，对于他们的十万个“为什么”的探究不予回应，或是在他们说出一些自己的看法时总是呵斥，就会破坏或打压孩子的好奇心，孩子洞察力的发展就无从谈起。

保护好奇心就是保护洞察力。要想发展或保护孩子的洞察力，切记不要打压儿童阶段的好奇心，要带领孩子去探索这个对他们来说未知又新奇的世界。当他们发表一些自己的奇思妙想时，不要轻易去嘲讽和打压他们。如有可能，引导充满好奇心的孩子去阅读、观察、思考、探究和表达。

在多年的心理工作中，我常常遇到被现实学业打压得肢体僵硬、眼神无光的儿童与青少年。相对来说，儿童具有比较强的可塑性与开放性，在足够长时间的陪伴与引导后，他们的洞察力会有很大的发展，他们会从退缩防御的状态伸展开来，去看向更广阔的世界；而对青少年开展工作则困难得多，尤其是对那些对虚拟网络世界比较痴迷的青少年，他们将直觉功能投射在了那些想象的世界和角色中，难以转向学业繁重、无聊烦闷的现实。

不要误解外倾直觉（Ne）类型的孩子。在传统的应试教育中，比较容易被打压的就是具有外倾直觉（Ne）特点的孩子。向外表现出外倾直觉（Ne）特点的人常常都有思维跳跃的特点，喜欢天马行空，对外在信息的觉察与判断不是按部就班地进行，因此无法和以内倾感觉（Si）为优势功能的人顺畅地对话。

小睿和她妈妈之间的矛盾就是鲜明的外倾直觉（Ne）与内倾感觉（Si）之间的矛盾。

16岁的小睿刚上高一，第一次和我见面时，她就思维跳跃地和我交谈了将近两个小时。与其说是交谈，不如说是小睿在我面前进行着自我对话，我只是在某些时候问一些我没听清楚的内容，大多数时候我只需点头回应她。

家长和孩子不在一个频道上，沟通出现障碍

她的话语在下面这些话题之间来回跳跃：她对高中同学的看法、她的理想、妈妈对她的不理解、她对妈妈的内疚、她在手机上的创作、她对英语的热爱、她对未来职业发展的困惑、在一所二流高中上学的郁闷等。原本约定1个小时的谈话时间根本就没够。

所幸我也具有较强的外倾直觉（Ne）特点，对她充满了好奇。我用我的外倾直觉（Ne）功能一路跟随着她，明白她要表达的是对自己上的高中不满意，同学关系不佳，希望把英语作为自己的职业发展方向，在手机上写作是自己表达心声的一种方式。

妈妈却只知道让她好好学习，并且还认为别人能做到的她也应该做到，固执地认为她对着手机一定是在玩游戏，等等。于是小睿就时不时地在家发脾气，向妈妈示威。

小睿的爸爸也是一个具有外倾直觉（Ne）特点的人，他明显地比妈妈更能理解小睿，只是他的工作比较忙，无暇顾及对小睿的教育。

他告诉我，小睿特别喜欢看书，家里已经有一整墙的书，书的种类颇多，天文地理、言情科幻、推理探案，甚至逻辑哲学，而小睿都有所涉猎。

小睿从爸爸那里遗传了内倾思维（Ti）+外倾直觉（Ne）的特点，是一个内倾直觉思维知觉（INTP）类型的女孩，家庭的养育环境也比较宽松，充分满足了小睿的好奇心，让小睿涉猎甚广。

广泛涉猎不同领域的知识、见多识广有利于提高分析问题、解决问题和分辨是非的能力。但也正因为小睿的外倾直觉（Ne）的特点，让小睿不满足于学校单调乏味的应试学习，需要在课余给自己找一些有新鲜感的东西，所以如果一味地禁止她用手机、用电脑，对于小睿来说是难以忍受的。

小睿爸爸在和我交谈后，确定了如何去更好地引导小睿。首先就是制止妈妈拿她和别的孩子比较；其次就是认同小睿的特点，肯定小睿基于自己心理特点的兴趣爱好，主动和小睿探讨对一些人和事的看法，鼓励小睿更全面、更多角度地看问题，寻找问题的解决办法。

通过引导保护外倾直觉（Ne）类型孩子的好奇心和专注力。要保护孩子外倾直觉（Ne）的特点，或者说帮助具有外倾直觉（Ne）特点的孩子适应现实的环境，只能是在了解和认可孩子的一些与生俱来的特点的基础上，引导他们去遵循一些常规，发展一些适应现实的技能或爱好。

外倾直觉类型的孩子容易走神

具有外倾直觉（Ne）特点的孩子，常常在完成枯燥乏味的抄写作业过程中，一会儿喝水，一会儿上厕所，一会儿看看别的有趣的东西，无法专注。大人可以试着把这些作业分成几部分让孩子去完成，在完成过程中穿插一些有趣的事情或任务。

在听课时，具有外倾直觉（Ne）特点的孩子，也常常因为课程内容或上课形式枯燥乏味而走神。不要过度批评他们走神这一表现，他们常常并不是有意为之，而是大脑不受控制的表现，可以通过提问或活跃课堂气氛来帮助他们保持专注。

◆ 养育内倾直觉（Ni）强的孩子

10岁的小智的心理类型是内倾直觉思维判断（INTJ），内倾直觉（Ni）是他的优势功能。他小小年纪就有了一种冷静而有主见的表现，这和妈妈的外倾感觉情感判断（ESFJ）心理类型特点差别很大，让妈妈难以招架。

小智的爸爸对我说，小智就是他的翻版。从小智的爷爷到小智的爸爸到小智，许多特点一脉相承，他们都能敏锐地洞察事情的发展，但也因为坚持自己的想法，所以都显得比较执拗。

内倾直觉（Ni）类型的人的洞察力相对于外倾直觉（Ne）类型的人更深邃，更具有先天遗传的特点。广泛涉猎各个领域的知识和观点，尝试挖掘、总结从古到今的历史演变规律，对于内倾直觉（Ni）类型孩子的发展会有所裨益。

识别孩子的心理类型，培养规则意识

规则意识是指发自内心地以规则为自己行动准绳的意识，包括遵守校规、遵守法律、遵守社会公德、遵守游戏规则的意识等。

上了小学后，大部分的孩子已经能遵守学校基本的纪律要求，知道上课时要安坐在座位上，不能四处走动，不能乱说话，不能在上课时玩别的东西，不能在上课时故意扰乱课堂秩序，等等。但是也有一些孩子不能遵守这些基本的要求，影响老师和同学们上课。

与规则意识密切相关的心理功能

表现出内倾感觉（Si）特点的孩子小小年纪就能很好地遵守纪律，常常用“应该如此”“必须如此”来要求和约束自己和别人，会非常耐心地完成各项作业与任务，甚至表现出完美主义的特点，是家长和老师眼里的乖孩子，喜欢常规性活动，生活作息规律。

在16种心理类型中，内倾感觉（Si）作为优势功能的有内倾感觉情感判断（ISFJ）和内倾感觉思维判断（ISTJ），以内倾感觉（Si）作为辅助功能的有外倾感觉情感判断（ESFJ）和外倾感觉思维判断（ESTJ），这4种心理类型中共有的字母是S和J（以下简称SJ）。

◆ 关注规则的SJ孩子

具有SJ心理类型特点的人对规则、章程、流程都特别关注，对自己和别人遵守规则、章程方面有很高的要求，对自己和别人应该做的和必须做的事情有很高的期望。

一些喜欢向家长和老师告状的孩子，常常就是具有较强的内倾感觉（Si）特点的人。他们常常小心谨慎地遵守着规则和纪律，处于一种时刻保持警惕的状态，随时警觉着现实当中可能发生的危险，对同伴的要求也非常高，总是在监督着别人是不是犯错了。

这些孩子如果发现别人不遵守规则后常常向大人告状，一方面，他们需要借助权威来维护一种有规则、有秩序的生活；另一方面，他们非常现实并且关注当下，容易悲观，对于别人不遵守规则所带来的不良后果会非常担心和不安。

◆ 小心谨慎的ISFJ

内倾感觉（Si）+外倾情感（Fe）的内倾感觉情感判断（ISFJ）类型的孩子会由于过于小心谨慎，而大大降低自身的行动力，也会因为害怕违反规则而想得太多。因此，具有ISFJ特点的孩子显得相对早熟，无论男孩或女孩，都会给人一种温柔而懂事的感觉，守规矩、贴心、注意细节、富有责任心。但是他们小小年纪就可能承担过多的责任，当自己的利益受到威胁时，不知道如何保护自己，也可能会对危险过度防范，在别人眼里显得有些婆婆妈妈。

小冰是一个从小胆小谨慎的具有ISFJ特点的女孩。无论多晚她都会努力把功课做完，不敢违反学校的纪律。同学找她借钱，她从来都不敢拒绝。到了初中，一方面因为学习压力大，另一方面因为她在同学关系中总是感到紧张不安，双重压力导致她不堪重负。

和她的心理特点差别很大的妈妈完全无法理解她的压力，在来见我之前，就只会对小冰说“事情哪有你想的那么复杂”“拒绝同学哪有那么难”之类的话。

关心容易被忽视的乖孩子。家长引导孩子时应注意，当孩子表现得温柔懂事的时候，千万不要因此而忽视了他（她），不要让他（她）觉得生活就该如此。当孩子在生活中一直以牺牲自我的方式去付出时，无异于一种慢性自我消耗。

面对遵守规则且富有责任心的孩子的时候，要多关心他们的情感与需求，在他们为别人着想的时候，也要让他们知道可以适当地为自己着想，让自己活得轻松一些，对自己关心多一些。

◆ 秩序感强的ESFJ

表现得比较外倾的外倾感觉情感判断（ESFJ）类型的孩子，从小就很容易成为老师们喜欢的班干部，有计划、有秩序、有条理。在他们热衷于公众事务的时候，同样也需要留意自己的需求与感受。

如果孩子已经具备很高的道德标准和规则意识去做人做事，切忌从道德层面对他们加以批判，只有当他们有了更好的发展时，他们才能更好地服务于人、服务于社会。

◆ 一丝不苟的ISTJ

用一丝不苟来形容具有内倾感觉思维判断（ISTJ）特点的人是最恰当不过的了，即便是孩子，也会表现出严谨、自律、勤奋、认真的特点，他们做事情会有很强的专注力和条理性，对于细节有很强的记忆力和判断力。

这样的孩子非常重视自己的规则感和秩序感，对自己和别人都会严格要求，当他们的规则感和秩序感被打破时，可能会产生强烈的情绪。

在学校里，具有ISTJ特点的孩子是老师最喜欢的学生类型之一，他们成绩稳定，踏实、细致、自律。因为他们做事一丝不苟、认真严谨，常常会成为老师的好帮手，非常适合做一些细致重复、制订与执行规则的事情。

他们因为做事认真、富有责任感而常常受到大人认同，但是有可能会由于过于严厉而被同龄人认为冷漠、死板，出现一些人际关系问题。

◆ 公平公正的ESTJ

表现更外倾的具有外倾感觉思维判断（ESTJ）特点的孩子也常常表现得尊师重道、遵守规则。他们注重公平公正，强调集体利益，会比较喜欢那些守规矩的朋友和同学，不喜欢那些自由散漫、无组织无纪律的同伴。

他们在学校里也是受到老师青睐的学生类型，且学习成绩稳定。

在他们眼里，各种规则都应该严格遵守，外向、强势的气场又使得他们把监督规则的执行情况、维护组织纪律视为自己的责任，他们会本能地成为一个监管者。

当发现有人违反规则、破坏纪律的时候，他们就会果断地吹响哨子并直接训斥那些不遵守规则的人，而且说话非常直接，很少会考虑对方的感受。

当事情失控，不能按照既定的目标和方向发展时，具有ESTJ特点的人容易发脾气，变得固执、专横跋扈，但他们并无恶意，他们只是单纯地认为，人们应该按照世界本身的规则行事。

规则意识弱的心理类型

在16种心理类型中，最后一个字母是P的8种心理类型所表现出来的规则意识或控制感都弱于最后一个字母是J的8种心理类型（见第1章表1）。

小武具有外倾感觉情感知觉（ESFP）的心理类型特点，外倾感觉（Se）是他的优势功能。在天气炎热的夏季，他常常因为身体感官上的不舒服而烦躁，紧接着就有可能发生不遵守纪律的事情。在他平静的时候和他讲道理，他会意识到自己的错误，认错态度良好，但在情绪烦躁时他又会冲动地破坏规则。

当这样的孩子不遵守规则时，批评他们已经发生的问题行为只会伤害他们的自尊，并不能帮他们在未来减少问题行为，因此家长和老师需要了解行为发生背后的原因。

小武的冲动性行为常常发生在夏天午睡后，天气炎热，教室里没有空调，午睡没有睡够，他情绪烦躁，因此，很小的事情就会激惹他做出极为冲动的事情。了解了这些情况后，建议家长取消小武的学校午间托管，改成回家午休，家离学校比较近，家里有空调，并且中午放学和上学的路上又可以感受一下外边的热闹，而不是一直忍受学校单调的环境。这么做以后，小武冲动性的破坏规则的行为立刻就减少了。

丰富外倾感觉（Se）的感官体验。面对优势功能为外倾感觉（Se）的孩子时，可以通过对外在环境的调整来改善现实环境，让他们的感官获得更愉悦的体验，让他们对现实的参与得到一定程度的认同，这有助于他们规则意识的提升。

认同外倾直觉（Ne）的好奇心。具有外倾直觉情感知觉（ENFP）特点的孩子好奇心比较强。

小文在老师上课时常常会突发奇想，不分场合地和老师争辩，打乱老师的上课节奏。老师如果一味地对小文进行批评，他会觉得非常委屈，对老师产生不满情绪，对上课失去兴趣。

对待小文的问题，家长得从小文的自我认同入手，需要首先认同他有这些奇思妙想是他很鲜明的特点，共情他不被老师理解的委屈，然后才有可能让他对老师产生共情，认识到自己的行为会影响老师上课，建议他在课后去和老师交流，或回到家和爸爸妈妈交流。

要帮助小文培养规则意识，需要先动之以情，然后再晓之以理。

面对优势功能为外倾直觉（Ne）的孩子，要让他们的好奇心得到一定程度的认同，才有助于他们认同现实规则，发展出一定的规则意识。

给内向又活泼的孩子以赏识教育。面对虽内向但在安全环境下却可能不遵守规则的孩子，冷处理的惩罚方式并不合适，需要先和他们建立让他们感到安全、放心的关系，蹲下身子，和他们对视，鼓励他们说出想法和感受，温和而坚定地告诉他们哪些事情可以做、哪些不可以做，并且要适当地给予孩子赏识教育。

小童是个非常内向的孩子，他在一所比较尊重学生个性特点的私立英文学校上一年级。他的爸爸妈妈送他去这所学校，就是考虑到他胆小内向的特点。这所学校的老师对待学生的确温和可亲，小童去了1周后，就变得活泼了起来，上课坐不住，甚至激动地在教室里跑动。老师对此很烦恼，就让小童站到教室前面面壁5分钟。

小童的爸爸妈妈可以接受这个惩罚的方法，他们也希望小童能遵守学校的基本规则。但是被老师惩罚了几次后，小童就哭闹着不肯上学了，去了学校后也表现得怯怯的，一天到晚都那么僵着。这让老师和爸爸妈妈不知如何应对才好。

根据小童爸爸妈妈的描述，小童具有内倾感觉思维知觉（ISTP）的特点，和爸爸一脉相承。这个内向、胆小的孩子表现在外的辅助功能是外倾感觉（Se）。

在老师营造的温暖安全的环境中，他就活泼好动了起来，但在老师使用了面壁的惩罚方式后，他就感到非常不安。这种对外向孩子有效的暂停、冷静方法，对小童这种内向、胆小的孩子来讲并不合适，这会让他不安，从此不再向外探索，反而自我封闭起来。

如果大人的态度过于强硬，则会让内向的孩子感到不安和恐惧；如果大人的态度含糊不清，则又不能让他们明白必要的规则是什么。对这些孩子的规则意识的培养，要以赏识教育为主。

在规则中寻求自由

心理类型原本并无好坏对错之分，但是当我们立足于自身的心理类型特点去适应外在环境时，内倾感觉（Si）的特点会让人牢记并遵守规则，但相对来说就可能缺乏冒险与创新精神；外倾直觉（Ne）的特点会让人具有洞察力而勇于创新；外倾感觉（Se）的特点会让人充分地享受与体验生活，但相对来说就可能会自由随意一些，不愿意被规则束缚。

所以要想在现实世界中有足够好的发展，常常是在必要的规则限制中寻求一定的自由。

我们可以鼓励偏好内倾感觉（Si）的孩子放松一些警惕去放飞自我；鼓励偏好外倾直觉（Ne）或外倾感觉（Se）的孩子在寻求自由的发展时遵守必要的规则。

识别孩子的心理类型，加强行动力

行动力是让人在社会化的发展中表现得优秀的一种心理品质。

行动力强的人主动性高，常常主动接受任务，积极寻求解决办法与对策，倾向于立即采取行动。具备一定的冒险精神，喜欢不断尝试，在做的过程中学习和提升，用自己的行动推动事情的进展。具备比较强的自制力和比较坚韧的意志力，遇到自己认为不能完成的事情时，也会下决心制订计划去突破、去实现，相信自己能把事情做好，有能力解决遇到的困难。

我们可以把行动力理解为“行动”加“力量”，而且是有自我意识地向外进行有力量的行动，所以可以从自我意识发展水平和外倾动力强弱这两个方面加以讨论。

与行动力密切相关的心理功能

与行动力密切相关的心理类型是主动行动的外倾思维（Te）。自我意识强同时外倾动力也强的孩子，有主见、有想法、有行动力，遇到困难能迎难而上，想办法解决，可能是家长们在意识层面最期待的孩子。

这样的孩子具有非常明显的外倾思维（Te）的特点，与内倾直觉（Ni）相结合，表现出外倾直觉思维判断（ENTJ）类型的特点，在个体层面会表现出非常强的行动力，在团队中会表现出很强的领导力；与内倾感觉（Si）相结合，表现出外倾感觉思维判断（ESTJ）类型的特点，行动力强，在团队中会表现出很强的管理能力。

◆ 外倾思维（Te）的孩子适宜民主型养育

外倾思维的孩子通常有很强的外倾能量，自我意识发展比同龄的孩子要早。

自我意识的发展和家庭养育环境有着非常密切的关系，一些自我意识发展比较早且稳定的孩子，常常来自教养方式较为民主的家庭。孩子有了自己的想法后，这种主动性会得到家长的鼓励。孩子有困难时，家长会和孩子一起讨论，提供建议，陪伴孩子一起制订可行的目标、计划和方案。

当孩子解决了问题、实现了目标、完成了计划时，家长不会吝啬表达对他们的欣赏，这样，孩子的行动力就会不断得到积极强化。

不要打压外倾思维（Te）的孩子。掌控性过强的父母常常会打压孩子自我意识的发展。有的孩子能够战胜父母的控制，有着很强的自制力和主动性，会积极上进地向社会化发展，他们的自我能量一定是超强的。

大多数孩子在掌控感强的父母面前，常常会表现出自我压抑与妥协，行动力自然会大打折扣。所以我们常常看到一个矛盾的现象，一方面，父母希望孩子行动力强，家长什么都不用管，孩子就能自觉地完成自己该做的事情；另一方面，父母又不下放权力或害怕失去家庭主导者的角色，当孩子有任何自我的想法，或是孩子通过自己的行动有所成就的时候，家长都要讽刺挖苦或批评打压，或是拿自己的孩子和别人家的孩子比较，导致孩子永远得不到家长的认同与欣赏。

久而久之，孩子就会用一种无所谓的方式来进行防御和抵抗，反正做好做坏都一个样，做和不做也一个样，与其付出了努力还不讨巧，倒不如什么都不做，不用那么费力，让自己更逍遥。

民主型养育。当遇到懂事勤奋、行动力强、遇事不太愿意和大人商量的孩子时，大人千万不能忽视他们。

从心理类型的角度来看，他们常常是具有内倾感觉思维判断（ISTJ）类型特点的孩子，外倾思维（Te）是他们的辅助功能，因而对外表现出比较强的行动力，但是他们遇事不太愿意和别人商量。优势功能是内倾感觉（Si），对事情不具备考虑全局的能力，有可能会基于经验做出一些自认为合理但冒险的行为，一旦有不好的结果发生，容易悲观，常常出现严重的心理问题。

因此，对于具有外倾思维的孩子，家长可选择民主型养育方式。

行动力弱的心理类型

自我意识发展慢，同时外倾动力弱的孩子，行动力会比较弱，需要家长多一些包容，多一些支持，千万不能打压。当某一天他们的身心逐渐成熟的时候，行动力会有很大的改观。

这样的孩子常常表现出内倾直觉情感知觉（INFP）、内倾直觉思维知觉（INTP）、内倾感觉情感知觉（ISFP）或内倾感觉思维知觉（ISTP）类型的特点。

自我意识发展慢同时外倾动力强的孩子，有意识的行动力可能会比较弱，其较强的心理能量可能会表现为破坏性的攻击力，但也可能会自发地做一些有意义的事情。

这样的孩子常常具有外倾直觉情感知觉（ENFP）、外倾直觉思维知觉（ENTP）、外倾感觉思维知觉（ESTP）或外倾感觉情感知觉（ESFP）类型的特点。

强化积极行为。面对这样的孩子，不能总打压他们。由于自我意识弱，他们可能会无意识地做坏事，也会无意识地做好事，需要大人积极引导，让他们意识到自己的所作所为，尤其需要对积极的行动力加以强化和赞赏。

自我意识强同时外倾动力弱的孩子常常有很强的自尊心，想做得更好，似乎又力不从心，但又给自己立很多规矩，认同很多外在的评价标准。当自我意识强，想要达到外在的标准却又达不到的时候，常常会自责、自我攻击。

长此以往，原本就不强的行动力会因为心理能量的消耗而更弱，孩子的想法很多，但如果不能付诸行动，甚至会逐渐发展成抑郁症。

这样的孩子常常表现出内倾直觉情感判断（INFJ）或内倾感觉情感判断（ISFJ）的特点。

接受并挖掘更多的可能性。面对这样的孩子，讲道理或道德层面的评判只会让他们更自责、更无力行动，大人可以帮助他们认识到自己的特点，接受自己的能力水平，做力所能及的事情，制订一些可实现的目标。

初一的男生小平具有内倾直觉情感判断（INFJ）类型的特点。他是早产儿，身体比较弱。和他交谈时我发现他的想法很多，爸爸对他的评价却是华而不实，这样的评价肯定让小平感到郁闷。

我一边给他做心理咨询，一边对他的父母做一些工作，帮他们识别小平的心理类型特点和心理能量水平。他的父母接受了我的建议，和小平一起寻找他可以去尝试的事情。小平在初中毕业后选择了学习音乐，他的行动力也有了大大的提升。

身体与心理问题影响行动力

◆ 注意内分泌问题

外倾动力的强弱也取决于孩子身体的健康状况，有一个关于内分泌的问题需要留意。甲状腺功能亢进会让孩子表现出躁狂的特点，甲状腺功能低下会让孩子表现出抑郁的特点，前者会让人做事情比较急迫，后者会让人做事情比较懒散。因为是身体层面的问题，如果已确诊，一定要通过药物加以治疗。

◆ 关注精神与情绪问题

情绪问题与行动力的表现也息息相关。

轻躁狂患者常常具有良好的行动力，思维敏锐，具有“工作狂”的表现；有抑郁感甚至已经达到抑郁症程度的人的行动力常常表现不佳，甚至严重到不能正常上学和工作的程度；更复杂的情形是躁狂抑郁双相，一段时间躁狂，一段时间抑郁，行动力的表现常常不稳定，这在青少年群体中有着一定的发病率。

◆ 满足孩子对爱的需求

中国人对于精神和情绪问题常常有很强的病耻感，遇到患有抑郁症的孩子还常常从道德层面对他们加以批评，说他们是意志力薄弱，是逃避，是不负责任的表现。

我们要知道，抑郁症患者不是通过让自己坚强就可以痊愈的，他们无力坚强，不是不想做，是想做但做不到。

作为家长，在望子成龙、望女成凤的时候，一定不要忘了积极引导，不要忘了关心爱护。孩子不会自己长大，缺少关心和爱护的孩子到了一定的时候可能会停滞下来去补偿缺失的爱。

当孩子积极进取，不用操心的时候，一定要留意这个乖孩子是否有爱的需要没有被满足；当孩子不够上进、懒散懈怠的时候，一定要关爱地走近他（她），看看是什么原因导致的。

如果孩子有身体的疾病，首先要治疗身体的疾病；如果有精神或情绪问题，该用药物治疗的时候一定要接受；如果孩子有心理冲突，家长一定要试着去引导和帮助他们。

识别孩子的心理类型，培养高情商

几年前，一位妈妈气愤地和我说，她的孩子被老师评价为情商低。她的孩子是个9岁的男孩，上四年级，正是淘气的年龄。班主任是位女老师，对乖巧的女生时不时地有些偏袒，这个男孩为此很不服气。

某天，女老师又让男孩把座位让给女生，男孩非常生气，坚决不让。老师就对他的妈妈说："这个孩子情商低，不让着女生，还顶撞老师。"妈妈听后对老师非常不满，也难以接受老师对孩子做出的评价，一则气愤于老师如此轻易地给孩子贴标签，二则她觉得自己孩子的情商并不低，常常能理解别人的需求，发自内心地想帮助别人。

这个孩子真的是情商低吗?

我们来看看情商的定义。情商是一种认识、管理和调节自身情绪的能力，它包含五个方面：

一是认识自身的情绪，了解它们是如何产生、变化，以及影响自身行为的；

二是管理自身的情绪，不被情绪掌控；

三是自我激励，能够在遭遇挫折时调动情绪，看到事物光明的一面，安然度过危机，走出生命的低谷；

四是识别他人的情绪，能够敏锐地感受到他人的需求和欲望，洞察别人的情绪；

五是能够很好地与他人沟通，处理好人际关系。

依据情商的定义，是否可以判断这个孩子情商低呢？他对班主任不满，自然不可能在老师叫他让出位子的时候乖乖听话，但这并不代表他就是情商低。

这个孩子在自己有情绪的时候，没有一味地向老师退让，这反而是一种坚持自己的想法、自我保护的表现。

这个孩子能够识别自己的情绪，至少从这个方面看他的情商并不低。情商高并不等于完全无视自己的需求，一味地向别人妥协。大人不能为了满足自己的需求和想法，对孩子进行道德绑架，给他们贴上“情商低”的标签。

认识自身的情绪，是高情商的核心，其他四个方面都是围绕这个核心展开的。脱离了这个核心，我们就会与自己的内心脱节，忽略内心真实的声音。一味地迎合别人，不敢坚持自己的主张和想法，不是真正的高情商。

真正具有高情商的人，通常会相信自己有权利表达观点和情绪，会用尊重的态度对待对方，同时也这样对待自己，仔细倾听别人的观点，让对方明白，自己正在努力理解他们的立场。与别人有不同的目标时，会尽力协商，尽可能实现双赢。

与情商密切相关的心理功能

与高情商密切相关的心理功能有两种，一是具有良好的内倾情感（Fi）功能，二是具有一定的外倾情感（Fe）功能。高情商的人既能了解自己的情绪，管理自己的情绪，合理表达自己的情感和诉求，又能识别别人的情绪、感受与需求，与别人进行良好的沟通，说话得体、行为恰当，人际关系融洽和谐。这需要在理解与接纳自己的基础上，对他人进行理解与接纳，表现出良好的共情能力。

案例中被老师贴上“情商低”标签的男孩，在妈妈眼里是一个能够识别别人的需求并帮助别人的孩子。他只是在自己有情绪的时候，还不能和咄咄逼人的老师进行良好的沟通，只会用对抗的方式进行自我保护，毕竟他只有9岁，内倾情感、外倾情感功能都在发展之中，情商还有待提高，轻易给他贴上“情商低”的标签是非常不合适的做法。

◆ 养育内倾情感（Fi）强的孩子

想要兼顾又难以捉摸的INFP和ISFP。在16种心理类型中，以内倾情感（Fi）为优势功能的有内倾直觉情感知觉（INFP）、内倾感觉情感知觉（ISFP）。

当内在足够稳定与安全的时候，具有这两种心理类型特点的人不太会直接表达出自己的想法与感受，但是做事情的出发点常常以内在的自我需求为参照，对别人的需求与感受也能敏感地识别，会自然而然地维护他们所认同的人。

当内在不够稳定与安全的时候，因为内倾情感（Fi）的功能特点，他们一方面非常在意自己的感受，另一方面又不能直接表达出来，就有可能在人际关系中表现出生闷气、摔门、不理人的被动攻击状态。在传达信息时常常拐弯抹角、模棱两可，面对选择的时候会说“没关系啦”“无所谓啦”，但如果自己的需求没有被满足，又会赌气，让人难以捉摸。

鼓励孩子说出真实的想法。当孩子生闷气、摔门、不理人的时候，家长切忌讲大道理，孩子之所以表现出被动攻击的状态，是因为他们内在的情绪、感受、想法表达不通畅，越是对他们讲大道理，就越是会堵住他们向外表达的路径。

面对表现出被动攻击的孩子，家长要寻找合适的时机，和孩子深入地对话，鼓励他们把真实感受说出来。

爱表达、有回应的ENFP和ESFP。以内倾情感（Fi）为辅助功能的有外倾直觉情感知觉（ENFP）、外倾感觉情感知觉（ESFP）。

具有这两种心理类型特点的人常常大大咧咧，能直接表达自己真实的感受与想法，但也会表现出心思细腻的一面，能对别人的内在需求给予合适的回应。

和这两种心理类型的人建立关系时，只要在他们的底线之内，所有情绪都可以真实、随意地表达；但他们在内心不稳定时，也会表现出情绪起伏。他们处于外倾直觉（Ne）或外倾感觉（Se）功能状态时就会大大咧咧；他们处于不稳定的内倾情感（Fi）功能状态时就会心生忧虑，对自己或他人有不确定的感觉。

理解与接纳孩子。在养育内倾情感（Fi）功能强的孩子时，理解与接纳他们细腻的内在感受，有助于提升他们的安全感。在此基础上，再鼓励他们理解与接纳别人的感受与需求，这样才不会让他们心生抵触。

◆ 养育外倾情感（Fe）强的孩子

Fe强的孩子容易被忽视。以外倾情感（Fe）为优势功能的外倾直觉情感判断（ENFJ）和外倾感觉情感判断（ESFJ），以外倾情感（Fe）为辅助功能的内倾直觉情感判断（INFJ）和内倾感觉情感判断（ISFJ）。具有这些心理类型的人常常以他人的需求为重，容易自我牺牲，忽略自己的需求与感受，常常希望自我需求被他人看见和满足。但由于他们自己都没弄清自己的需求，因而很难被满足，时间久了，难免产生怨气，甚至自怨自艾。

小敏是一个敏感的8岁女孩，她经常焦虑不安，情绪失控，无法安睡。小敏的妈妈向我诉说了她自身的成长经历，她自小在娘家时就是一个乖乖女，不太能直接表达自己的需求，但学习很优秀。结婚后，在孩子出生前，与婆婆相安无事，听凭强势的婆婆做主。

婆婆是典型的具有ESFJ特点的人，对生活的方方面面都有很强的掌控欲，小敏出生后，孩子的饮食、睡眠、玩耍都在奶奶的监控之下。妈妈觉得奶奶的一些养育方式不合适，奶奶却并不采纳妈妈的方式，婆媳之间的矛盾日益加重。

小敏在奶奶白天看护和妈妈夜晚照料两种状态之间摇摆，情绪积蓄到8岁时，已经无力招架，开始在家里大喊大叫。

小敏是一个具有ISFJ特点的孩子，在沙盘游戏过程中表现得认真乖巧，细致地摆放各种生活场景，对咨询室的环境和咨询师的状态都非常敏感，让人心生怜悯。

在和她工作的过程中，我不断地鼓励她表达自己的感受与想法。小敏的状况慢慢地发生了改变，自己的想法慢慢地能自如地表达出来。她对妈妈的情感需求能有所表达，对奶奶的不满也能有所宣泄。她在家里和在学校里渐渐轻松自如起来，和爸爸妈妈、奶奶的关系也逐渐有所改善。

鼓励表达需求。当我们养育外倾情感（Fe）功能强的孩子时，切忌因为他们常常为他人着想而忽略了他们的感受与需求，有必要加强他们的内倾情感（Fi）功能，帮助他们在理解别人的感受、满足别人的需求的同时，也能比较顺畅地表达自己的需要。

◆ 养育外倾情感（Fe）弱的孩子

怕麻烦别人的INTP和ISTP。具有以外倾情感（Fe）为劣势功能的内倾直觉思维知觉（INTP）和内倾感觉思维知觉（ISTP）特点的人，与人打交道的时候，会非常谨慎，唯恐给别人带来麻烦，对别人的过分要求也不知如何拒绝。

他们害怕孤独，想和人建立关系，会非常努力地关心别人，但常常以牺牲自己的边界为代价。他们在人际关系中会压抑自己的情绪，不知如何有效地进行表达，害怕自己会伤害他人，处于唯唯诺诺的消极被动状态。

情感常常不被满足，容易屈服于别人，会因此感到挫败、委屈、沮丧和恼怒，心生怨气，积累到一定程度后，会忍无可忍，再大吵一架，或是悄悄逃跑，远远躲避，再也不与人联系。

咄咄逼人的ENTJ和ESTJ。具有以外倾思维（Te）为优势功能的外倾直觉思维判断（ENTJ）和外倾感觉思维判断（ESTJ）特点的人，在人际沟通与交流中，常常给人一种咄咄逼人的感觉，觉得事情就应该按照自己的预期进行，会有对是非对错的评判。如果不能按照自己的计划达成目标，他们就会有事态失控的感觉，内心会产生强烈的不安，但通常无法直面自己的无力和脆弱，所以会转变成不满的情绪向外释放，会暴跳如雷、大喊大叫、咆哮骂人、扔东西。

固执的INTJ和ISTJ。具有以外倾思维（Te）为辅助功能的内倾直觉思维判断（INTJ）和内倾感觉思维判断（ISTJ）特点的人，其内在的坚持与固执也会导致他们对他人有较多的批评与抱怨，喜欢吹毛求疵，虽然没有直接的表达，但也会阻碍人际关系的发展。

因为受遗传或家庭环境的影响，孩子对外主要表现出外倾思维（Te）的特点时，对小伙伴甚至家长、老师都会进行一定的批判，说话犀利，情感的交流与回应比较弱。

小维就是一个这样的孩子，对身边的人以批判为主，包括对他的妈妈。他的这个特点是和爷爷、爸爸一脉相承的。奶奶已经在爷爷的指责批评下变得麻木，妈妈则还在丈夫和儿子的批评下寻求自我安慰。小维的爸爸和小维都很难对人表现出亲密的感觉，难以描述自己的情感，难以进行情感的回应。

这些特点在心理学上有一个专门的词汇叫作“述情障碍”，表现为识别情感障碍、表达情感障碍和外向型思维。

与情商的定义相对应，有述情障碍特点的人常常在情商发展上非常缓慢，高情商的人具有自我激励的特点，有述情障碍特点的人常常很难有持久的快乐体验，容易出现抑郁、低落的感觉，甚至出现一些严重的身心疾病或精神情绪问题。

如何提高情商

◆ 清楚自己想要什么

想要提高情商，在人际关系中既能关注到自己的情绪，又能照顾到他人的感受，我们需要清楚地知道自己想要得到什么，要用一种保护关系而不是破坏关系的方式，来表达自己的感受与需求。当冲突发生后，协商解决双方有冲突的那些需求，留意并弄明白对方的需求、顾虑和愿望，用一种不会破坏关系的方式说“不”。

要弄清楚自己想要什么，可以开展以“我”为主语的自我对话，如“我现在有……感觉”“我想得到……”“我不喜欢……”“我想做……”，等等。

◆ 采用陈述事实的表达方式

那么，如何用一种保护关系而不是破坏关系的方式来表达自己的感受与需求呢？少用“你”作为主语对他人进行评价与指责，因为这种表达常常会激发矛盾，例如，“啊，你又迟到了这么久！”“你怎么可以这样，想把我气死吗？”我们可以试着换一种表达方式，“你迟到了一个小时，我现在很生气，我想安静一会儿”，是不是听起来更容易让人理解与接受？

高情商的表达需要直截了当地陈述事实，以“我”为主语表达自己的感受，再把自己的需求清晰地说出来，减少前面的指责。这种表达会更容易让听的人产生共情，知道你的情绪，并知道你想要什么。

◆ 学会倾听他人

高情商的人会倾听，也会恰当地提问，“在你看来，这件事的关键是什么呢？”“你认为是什么原因导致这个局面的呢？”“现在，你有什么感受呢？”但是在和人交流的时候，我们常常会胡乱猜测、自说自话，有选择地倾听、妄加评论、心不在焉、缺乏耐心、争强好胜、自以为是、故意岔开话题或者假意迎合，不能做到高情商地倾听。

说回家庭教养，当孩子遭遇问题的时候，我们能否蹲下身子，真正地倾听孩子的心声？在对着孩子说话时，我们是否会出现上面这些不合适的交流方式？当孩子对我们表现出逃避或对抗的应对方式时，我们是否还会进一步对他们加以批判，而没有意识到，自己在不知不觉中向孩子言传身教了不恰当的沟通方式？

了解了情商的定义后，我们就不会对孩子咄咄相逼，不会一味忍让牺牲，也不会为了自己的需求而对孩子进行道德绑架，而是帮助自己和孩子建立健康高效的、民主型的沟通模式，用清晰、诚恳且恰当的方式表达自己的想法、感受和意见。

我们应该在考虑自己需求的同时，倾听孩子的心声，将心比心，真正把孩子的需求考虑在内，和孩子达成一种互利互惠的交流与合作关系。这样，亲子关系一定会得到提升，自己也会更加自信，成为阳光快乐而有魅力的人。

AI CONG KAN JIAN
HAI ZI KAI SHI

第3章

看见孩子，科学助推学习力

帮孩子避开入学适应困难

大多数孩子在正式进入小学前都会遭遇入学困难，不想上学，厌恶入学，抵触上学。那么，孩子为什么会出现入学困难，家长又该如何应对呢？

孩子为何会出现入学适应困难

◆ 分离焦虑

每年九月的开学季，都会有家长面临孩子入学适应的问题。孩子入学适应比较难是很普遍的现象，刚去上学的时候会出现各种问题，原因在于，孩子离开了家人的关心和照顾，一定会有分离的不安和焦虑，甚至是分离的恐惧，需要家长给予关注与引导。

有些孩子可能因为过早地与父母分离心里有些焦虑，而父母处理不当而引发比较严重的分离焦虑，不仅在上幼儿园时哭闹，难以适应，而且在上小学后，甚至上中学时都有可能出现明显的情绪问题。

小清因为爸爸妈妈工作忙碌，在1岁半的时候就被送去了全托幼儿园。在哭闹了一段时间后，小清在幼儿园变得非常乖巧，但每次一见到妈妈还会哭闹，一到周一被妈妈送回幼儿园时，总要哭闹一两个小时。

在大约2岁的时候，无计可施的妈妈把他转到一所每天接送的日托幼儿园，可是每天早上他依然要哭闹一阵才罢休。这种现象一直持续到小清上了小学一年级，爸爸妈妈被逼无奈，决定带他来见我。

小慧是一个可爱的女孩，在幼儿园大班快6岁时被爸爸妈妈带来见我，原因也是因为上幼儿园哭闹。她每天上幼儿园和妈妈分离时至少要哭闹半个小时，每天晚上快到睡觉时一想到第二天要上幼儿园也要哭闹一个多小时，这让爸爸妈妈不胜其烦。

粗暴的爸爸在夜里11点左右把她关在黑暗的楼道里进行惩罚，这非但没有让小慧停止哭闹，反而让她哭闹得更厉害了，去幼儿园要哭，去上各种之前喜欢的兴趣班也要哭，最后所有的兴趣班都不能再参加了。让小慧妈妈难以理解的是，小慧3岁刚上幼儿园时并没有怎么哭闹，怎么到了大班反而开始哭闹起来？

◆ 亲子关系模式不同

想要理解这些孩子为什么上学时会哭闹，有必要了解他们家庭中的亲子关系模式。小清的妈妈因为自己从小就没有得到过母亲太多的关爱，当1岁多的小清哭闹着不肯分离的时候，她不知如何应对，常常对着小清发脾气。

从母子的互动中可以观察到，7岁的小清依然很黏妈妈，但是妈妈急于逃离。这样的亲子互动肯定不能满足小清的情感需求，小清对妈妈表现出的是不安全的焦虑矛盾型依恋模式，即妈妈离开时大哭大闹，妈妈回来时依旧会大哭大闹。

从心理类型的角度来看，小清的妈妈是一个非常典型的内倾直觉思维判断（INTJ）型妈妈，自身的情感功能没有得到充分发展。而小清则是一个具有内倾感觉情感知觉（ISFP）类型特点的孩子，有着非常强的内倾情感（Fi）需求，并且在收集信息时是偏好外倾感觉（Se）的，直觉功能没有得到充分发展。

当和妈妈分离时，小清无法感知和想象妈妈的存在，心里被不安和恐惧所占据，而进了幼儿园和学校后，如果感受到老师对他的情感，他又能安下心来。小清的内在没有形成一个稳定的、足够好的照顾者形象，需要现实的照顾者给予他情感的关怀才能安抚他。

小慧的特点和家庭情况与小清不同。小慧的妈妈虽然也是一个要强的女性，但具有足够好的情感功能，是一个典型的具有内倾感觉情感判断（ISFJ）特点的妈妈。在小慧婴幼儿时期，基本上都是妈妈自己在照顾，小慧各个方面都发展良好，让妈妈觉得很有面子。

随着孩子逐渐长大，她觉得爸爸应该多参与孩子的教养，所以就极力要求爸爸多为女儿做一些事情。

小慧的爸爸是一个大男子主义者，具有外倾直觉思维判断（ENTJ）的特点，对妻子的唠叨非常不耐烦，对孩子的哭闹更是不耐烦。

当小慧的妈妈要求他参与教养后，他就把在单位里当领导的风格带到家里来，对小慧进行严格的管教，当小慧稍有差错的时候，就对小慧一顿吼。

入学适应困难这样应对

◆ 看见与接纳孩子的情绪

原本已经建立安全依恋的小慧变得焦虑不安，害怕和妈妈分离。当小慧开始哭闹着不肯进幼儿园的时候，要强的妈妈认为孩子应该去上学，在幼儿园门口哭闹让她觉得很没有面子，但又着实心疼孩子。孩子也能感受到妈妈的矛盾心理，所以在妈妈面前哭闹的时间越来越长。

这个小女孩需要大人看见她的悲伤、焦虑和恐惧，而这些情绪大多数都源于她的父亲。所以我给妈妈的建议是，暂时让爸爸少参与孩子的教养，妈妈要放下自己的面子，试着去感受与接纳孩子的情绪，当孩子哭闹时，就安心地抱着孩子，允许孩子哭泣以表达自己的伤心与不安。

小慧的妈妈听从了我的建议，一旦孩子开始哭泣，她就抱着孩子，温和地对孩子说："妈妈知道你很伤心，你痛痛快快哭一会儿。"因为小慧原本就和妈妈有着良好的情感联结，所以当妈妈真正接纳她的情绪后，她的内倾情感（Fi）需求得到了满足，这个哭闹了两个多月的小女孩两三天后就不再哭闹了。

◆ 给予孩子充足的情感关怀

当孩子的情感联结与安全感缺失的时候，常常会发生分离焦虑和入学适应困难。要帮助孩子顺利度过入学适应期，家人需要给予适当的情感关怀。具有良好情感功能的家长容易理解孩子，而偏好思维功能的家长在面对孩子的情感需求时，常常应对不佳，无法给予孩子满足，还有可能对孩子造成伤害。

为了帮助孩子更好地进行社会化发展，爸爸妈妈需要密切合作。在现代社会中，因为女性也具有同等接受教育的机会，所以有不少妈妈并不是偏好情感的，反而是以思维为优势功能的。爸爸们反而具有比较稳定的情感功能，偏好情感的爸爸也可以为孩子提供重要的情感支持。

应对不同心理类型的孩子，方式方法大不相同

从心理类型的角度来看，偏好外倾的孩子对陌生的环境充满了好奇，会用自己的方式去了解和探索，对新环境的适应会比偏好内倾的孩子更快。

◆ 偏好直觉的孩子

偏好直觉的孩子可以借助想象的方式来安抚自己。我家孩子是偏好直觉的，在他四五岁时，我们不得已需要让他一周在幼儿园里留宿两个晚上，让他安心的方式就是想象着和我对话，并且相信我一定能接收到。

偏好内倾直觉（Ni）的孩子会比较沉静，有一种由内而外的稳定感；偏好外倾直觉（Ne）的孩子，对陌生的环境会充满好奇心，会急于去发现和探索，当他们对单调、乏味、束缚的环境产生厌烦时，就会急于离开这个环境。这类孩子需要在他们幻想的美好自由与受限制的现实之间进行平衡。

◆ 偏好感觉的孩子

偏好感觉的孩子则需要实实在在的感觉来安抚自己。如果妈妈离开，这种真实的感觉不存在了，更容易发生分离焦虑，所以如果允许，可以让他们带着一些真实的东西去陌生的环境，有助于他们获得稳定的联结与安全感。

偏好内倾感觉（Si）的孩子常常依赖记忆与经验来帮助自己适应。当新旧环境差别比较大时，例如，从农村到城市的变化、从南方到北方等跨地域的变化或者从国内到国外的跨国变化等，对他们来说，这些大的环境改变适应起来会比较困难。

偏好外倾感觉（Se）的孩子对现实环境有着热切的探索愿望。他们需要感知到好玩的、好吃的、好听的等愉悦的感官体验，当环境中缺失这些愉悦的体验时，在相对宽松的环境中，他们有可能自己去创造这些感官体验来满足自己，例如，做手工、户外活动，对他们来说，过于限制或严苛的环境适应起来可能会比较难，他们可能会成为老师眼里的调皮孩子。

◆ 偏好情感的孩子

偏好情感的孩子到了陌生环境时，会借助接收到的信息进行情感的判断。偏好内倾情感（Fi）的孩子会显得小心翼翼，不会轻举妄动，当他们逐渐判断出这个环境中的人安全、友爱、温和的时候，才会慢慢放松下来，并且也能逐渐为别人着想，与小朋友建立关系；一旦他们觉得环境中存在不安全的因素时，就又会小心翼翼起来。

所以，当环境中有一些变化，例如换了老师，或者来了一个调皮的新同学时，这些孩子在学校里的表现会有波动。有的时候家里发生一些变故，也会导致他们出现适应困难。

某一年的九月，有一位妈妈找到我，说她的女儿不肯去上学。这是一个14岁的女孩，刚上初一，细心的妈妈发现孩子并不是讨厌学习本身，所以想到孩子可能是对新的学校有不适应感。

继续了解情况后发现，这个女孩的父母离异后又各自组建了家庭，女孩的父亲在她刚开学后没多久就又有了一个女儿，女孩有了一个同父异母的妹妹。

这件事对女孩造成的心理不安非常强烈，之前父母虽然离异，但都很爱她。不过，现在有了一个同父异母的妹妹后，她不确定父亲会不会依然爱她，这种不安感可能让她退缩在家里，不肯去学校。

在有了这个假设后，我先让女孩的爸爸妈妈放下对女孩不去上学的焦虑，让女孩的爸爸专门安排一些时间来陪伴她。女孩在获得父亲充分而确定的情感后，很快就又去上学了。

偏好外倾情感（Fe）的孩子在陌生环境中会表现得非常友好，他们会主动关心别的小朋友，但是家长千万不能因为这样就忽略了孩子的情感需求。

如果他们一直在付出，没有得到适度的情感回应，可能会无意识地蓄积不被满足的情绪，或者压抑自己的需求，在某些事情的诱发下，可能也会爆发出不愿上学的情绪冲突。

在妈妈眼里，小东一直是一个阳光、温暖的孩子。在小学五年级前，小东各方面表现均良好，但是到了小学五年级下学期，小东在帮助老师组织一次班级活动时，出了一些差错，老师当着同学们的面批评了他。小东从此一蹶不振，逐渐出现了厌学情绪。

◆ 偏好思维的孩子

偏好思维的孩子会用思维的方式对接收到的环境信息进行加工和判断。偏好内倾思维（Ti）的孩子到了陌生环境会显得比较安静，不轻易哭闹，会努力地观察，在观察之后他们会思考这是什么地方以及为什么要来这里。

他们可能会安安静静地待在自己的世界里，做一些自己喜欢的事情，例如，看书、堆积木、认字……任何自得其乐的事情都可以让他们安静地待着。他们可能同时也在悄悄地思忖身边其他孩子或老师，想要融入，但是一看到那些闹腾的孩子，还是觉得自己静静地待着比较好。

如果这些安静的孩子身边总是有一些吵吵闹闹的声音，他们可能会越发地想要躲进自己的世界里，表现出回避型的依恋模式；或者他们会找一个让他们放心的人，可能是老师，也可能是同学，然后黏着他们，表现出过于依赖的依恋模式。

如果在环境中找不到感兴趣的事情，或者没有可以依恋的人或物，他们也有可能退缩回家里，不肯去上学。保护好他们自发产生的兴趣，引导他们建立合适的、有边界的关系，会帮他们维系安全感与稳定感。

偏好外倾思维（Te）的孩子在陌生环境中会很快地表现出一定的执行

力，乐于去做事情，老师的鼓励与欣赏会让他们更加乐此不疲，成为老师的小帮手。

去做些什么，达到一些目标，然后被认可，就成了这些孩子获得积极认同的重要方式。如果不允许或者不安排他们去做些什么，他们会坐不住，就有可能把能量转移到一些破坏性的事情上去，然后被批评、被惩罚，他们的主动性会受挫，形成消极的自我认同，从而造成不良的循环，觉得上学很无聊，逐渐产生厌学心理。

从心理类型的角度去观察孩子的特点，可以更有针对性地帮助孩子适应新的环境。孩子运用自身的优势功能去适应外在的环境会相对容易很多。如果因为外在环境的限制，优势功能被打压，不得不发展其他功能，甚至是劣势功能来支撑自己适应环境就会比较辛苦，进而可能出现行为问题、情绪问题、身心疾病。

无论孩子具有哪种心理类型的特点，帮助孩子发展自我意识都是身心健康中最重要的一环。引导孩子发现自己、认识自己、接受自己，逐渐成为自己，是家长必做的功课。

激发孩子擅长的学科

你的孩子到底擅长哪门学科？他有没有不擅长的学科？怎样引导孩子找到感兴趣的学科，并激发孩子的学习兴趣，十分考验家长的能力。

心理类型的单一维度如何影响学习风格

内倾、外倾这一维度在学习特点上的表现为：内倾（I）的人喜欢深入钻研，甚至会有些钻牛角尖；外倾（E）的人则兴趣广泛，涉猎广，但可能不喜欢深入学习。

感觉、直觉这一维度在学习特点上的表现为：偏好感觉（S）的人对现实话题更感兴趣，更擅长可以动手操作的科目；偏好直觉（N）的人对抽象话题更感兴趣，善于将事物进行有意义的联结，但他们可能不喜欢重复机械的操作。

思维、情感这一维度在学习特点上的表现为：偏好思维（T）的人善于思考，对客观事物之间的因果关系比较敏感，更擅长需要严谨思考的科目，如数学、物理；偏好情感（F）的人关注主观层面的价值取向，在意自己内在的和谐或是人与人之间的和谐，更感兴趣的科目包括强调内在感受的科目（如语言与艺术）或较多探讨人的因素的科目（如历史）等。

不同复合心理功能的学习特点

内倾、外倾和感觉、直觉、思维、情感结合而成的复合心理功能在学习上的特点也各不相同。

偏好内倾直觉（Ni）的人最能理解抽象符号的意义，并对此兴趣盎然，他们会乐于钻研抽象的内容，例如，深奥的语言符号或抽象的理论；

偏好外倾直觉（Ne）的人感兴趣的是人或事物的各种可能性，对奇妙的未知世界充满了好奇的探索精神；

偏好内倾感觉（Si）的人善于内化各种程序与规则，需要通过按部就班的学习去掌握各种具体、实在的要求与方法；

偏好外倾感觉（Se）的人需要通过眼、耳、口、鼻等感官去感知现实的世界，通过手的触摸去探索各种真实的事物；

偏好内倾思维（Ti）的人热衷于构建自己的内在理论体系，热衷于思辨和探究事物的规律；

偏好外倾思维（Te）的人热衷于运用逻辑思维解决各种外在的问题，强调事物之间的因果关系，善于统筹安排自己的时间与精力；

偏好内倾情感（Fi）的人遵从于内在的价值体系，当学习自己认同的知识时，会倾尽全力，表现出极大的热忱，而当面对自己不认同的学习内容时，就有可能表现出烦躁和厌恶，不愿投入精力；

偏好外倾情感（Fe）的人热衷于关心他人的福祉，在意人与人之间的和谐，学习目的常常与生活中的重要他人有关，例如，为了亲人而发奋学习，或者倾向于选择能为别人提供服务的专业方向。

◆ 直觉思维（NT）——爱好钻研数理，热衷逻辑思维

具有以内倾直觉（Ni）为优势功能，以外倾思维（Te）为辅助功能的内倾直觉思维判断（INTJ）特点的人，常常既对抽象的数理与理论感兴趣，又能尝试运用逻辑思维解决各种难题。他们常常产生各种想法，继而将这些想法付诸行动。具有这种心理类型特点的人常常热衷于学习深奥的数学与物理，思考各种难解的科学难题。

具有以外倾思维（Te）为优势功能，以内倾直觉（Ni）为辅助功能的外倾直觉思维判断（ENTJ）特点的人，非常擅长战略思考，并拥有全局思维。

在感知外界事物时，他们特别善于洞察机会和事物之间的联系及意义，进而十分客观地分析所获得的感知，然后形成见解。

他们具有高度的责任感，绝不会纸上谈兵，对于这些见解、战略一定会付诸行动。

在学习中，他们对不需要探究原理、死记硬背的学科没有太大的兴趣。但一般来说，他们没有明显的“瘸腿”学科，只是对数学、物理这些抽象思维学科更感兴趣。

具有以内倾思维（Ti）为优势功能，以外倾直觉（Ne）为辅助功能的内倾直觉思维知觉（INTP）特点的人，思绪飞扬，常常沉浸在自己内在的

思维构建之中。同时，这类人又对外在世界的各种可能性充满好奇，对抽象概念的喜好以及深入理解，使他们能刻意开展具有创造性和挑战性的学习或工作。

他们喜欢安静地动脑子，但不喜欢辩论，常常会很敏锐地指出别人不合逻辑或者表达不精确的地方。一般来说，INTP类型的人不喜欢外语，会对物理、数学这种抽象思维学科更感兴趣。

具有以外倾直觉（Ne）为优势功能，以内倾思维（Ti）为辅助功能的外倾直觉思维知觉（ENTP）特点的人，同样也对各种可能性感兴趣。他们充满了好奇心，热衷于追寻新奇的事物，但同时又崇尚逻辑、科学。

在学习偏好上，“大条”是他们的标志，丢三落四和犯低级错误是家常便饭；一切不需要探究原理、死记硬背的学科同样是ENTP类型的人的“死穴”，他们一般会对物理、数学这种抽象思维学科更感兴趣。

他们着迷于与他人思想交锋、思维碰撞的过程。对于他们来说，参与辩论不是为了说服对方，而是享受辩论本身所带来的智力和思维上的快乐，热衷于提出新想法、新方法、新建议、新创意、新点子。但他们常常只想不做，只有开头，没有结尾，做事会有些虎头蛇尾。

◆ 直觉情感（NF）——追求有意义的学习

具有以内倾直觉（Ni）为优势功能，以外倾情感（Fe）为辅助功能的内倾直觉情感判断（INFJ）特点的人，既对抽象的话题感兴趣，又关注外在世界的关系和谐。具有这种心理类型特点的人，在学习中不喜欢需要大量记忆且没有温度的信息，一般对化学、地理等学科不感兴趣，相对地更喜欢英语和语文，尤其是写作，学习成绩相对稳定。

他们善于用隐喻的方式来描述一个人或一件事情，而且能够抓住人或事情的本质进行描述。这种隐喻的能力使INFJ类型的人在文科尤其是文学方面可能有比较高的天赋。

具有以外倾情感（Fe）为优势功能，以内倾直觉（Ni）为辅助功能的外倾直觉情感判断（ENFJ）特点的人，特别关注外在的世界，常常做出带有主观色彩和富有人情味的判断和决定。对人热情坦诚，知无不言，言无不尽。在他们眼里，整个世界是一个和谐的整体，他们深信这个整体是有目的和有意义的。

在学习上，他们通常不喜欢需要大量记忆且没有温度的信息，一般对化学、地理等学科不感兴趣，相对喜欢语文和英语，数学和物理成绩也不会太差。

具有以内倾情感（Fi）为优势功能，以外倾直觉（Ne）为辅助功能的内倾直觉情感知觉（INFP）特点的人，特别崇尚内在的和谐，常常基于个人的价值观做出主观的决定，偏好以一种抽象的、具有远见的和富有想象力的方式来观察周围的事物。

他们喜欢做白日梦，甚至可以什么事都不干，就坐在椅子上或者躺在床上连续幻想好几个小时，沉浸在幻想之中满足自己，不断地追问自己“人生的意义是什么”“人为什么要活着”这些在别人眼里不着边际的大问题。

在学习偏好上，他们偏好文科，尤其喜欢文学。在学习上表现出完美主义倾向，甚至会死抠细节，力求完美。

具有以外倾直觉（Ne）为优势功能，以内倾情感（Fi）为辅助功能的外倾直觉情感知觉（ENFP）特点的人，对各种可能性感兴趣，热衷于探索事物的深远意义。他们具有很强的洞察力，是很好的观察者，常常关注常规以外的事物，充满好奇心，喜欢理解而不是判断。做事情偏好过程，而不在意结果。

在学习偏好上，ENFP类型的人好奇心重，性格上较“大条”，对死记硬背的东西都不喜欢，一般偏好语文和英语学科。在他们眼里，英语不是背单词，是思想交流的工具。他们特别擅长讲故事，一般不喜欢地理和化学。

◆ 感觉思维（ST）——偏好理科，成绩稳定

具有以内倾感觉（Si）为优势功能，以外倾思维（Te）为辅助功能的内倾感觉思维判断（ISTJ）特点的人，既善于内化各种规则，记忆各种知识，又具有一定的执行力去解决实际的问题。他们常常传统、保守，喜欢清晰地描述事物，重视必要的理论体系和传统惯例。

在学习上，他们表现出很强的专注力与条理性，对于细节有很强的记忆和判断，因此在学校里他们是老师最喜欢的学生类型，成绩稳定、尊师重道、踏实细致、自律、善于记忆，对数字天生敏锐，尤其深得数学老师的喜爱。

具有以外倾思维（Te）为优势功能，以内倾感觉（Si）为辅助功能的外倾感觉思维判断（ESTJ）特点的人，较关注外部世界，注重当下和实践，看待问题很实际，会客观、公正地分析、判断各类问题并做决定。同时，他们做事情具有计划性与条理性，按照固定的规则生活，传统自律，能记住和组织、安排许多细节，能及时和尽可能高效率地达成目标。

在学习上，他们尊师重道、谨守规矩，希望被公平对待，在学科偏好

上，一般喜欢数学、化学，对人文学科不感兴趣。

具有以内倾思维（Ti）为优势功能，以外倾感觉（Se）为辅助功能的内倾感觉思维知觉（ISTP）特点的人，同样也热衷于构建自己内在的思维体系，喜欢在分析的基础上做出客观公正、不带个人感情色彩的决定。同时，他们也对外在世界充满兴趣，对于完成具体事情的技艺性方法具有天生的理解力，通常精于使用工具和进行手工劳动。

在学习偏好上，他们一般喜欢可以动手操作的科目，或是实用的工具性学科。

具有以外倾感觉（Se）为优势功能，以内倾思维（Ti）为辅助功能的外倾感觉思维知觉（ESTP）特点的人，既热衷于用各种感官感知与探索现实的世界，又倾向于在内在构建自己的逻辑体系，这会让他们形成一种即兴的、灵活的，对周围事物不断做出回应的生活方式，但常常显得灵活有余、计划不足。

在学习偏好上，他们一般喜欢可以动手操作的学科（如化学），或者实用的工具性学科（如英语），数学可能也学得不错。只要他们觉得有一定的实用性，都会试着去学好。

◆ 感觉情感（SF）——人的因素易影响成绩

具有以内倾感觉（Si）为优势功能，以外倾情感（Fe）为辅助功能的内倾感觉情感判断（ISFJ）特点的人，同样也善于内化规则，记忆各种知识。关注当下，在意真实的世界，同时会关注人际间的和谐，做事有序，小心谨慎，非常传统，显得比较早熟，给人温柔、懂事的感觉。

因外倾情感（Fe）功能较强，他们的学习成绩常常受老师的影响，师生关系是否良好会影响他们成绩的稳定性。在学科偏好上，他们一般对语文、英语、政治、历史更感兴趣。

具有以外倾情感（Fe）为优势功能，以内倾感觉（Si）为辅助功能的外倾感觉情感判断（ESFJ）特点的人，关注外在世界的和谐，讲求实际，注重现实，在意细节。

在学习上，他们一般在小学和初中阶段学习成绩良好且相对稳定，到了高中，随着知识点的学习更需要逻辑思考后，成绩可能会有些波动。在学科偏好上，他们一般对语文、英语、政治、历史更感兴趣，并且受人的因素的影响比较大。

具有以内倾情感（Fi）为优势功能，以外倾感觉（Se）为辅助功能的内倾感觉情感知觉（ISFP）特点的人，崇尚内在的和谐，喜欢基于个人的价值取向做出决定，偏好用自己的感官来感知现实的世界。

他们淡然随和，灵活多变，对于颜色、气味、光线、声音都十分敏感，能够察觉出别人根本察觉不到的细微差别。对于音乐、绘画以及各种涉及感官的艺术形式的感觉往往胜人一筹。

他们追求舒服而优雅的生活，难以想象出诸如痛下决心、卧薪尝胆、头悬梁锥刺股、咬紧牙关坚持到底就是胜利等的状态。

在学习偏好上，艺术类的学科是他们极其感兴趣的，他们一般都喜欢可以动手操作的科目，或者是实用的工具性学科。人的因素对他们的影响也比较大，老师会很大程度上影响他们对学科的喜好，但不如ESFP和ESFJ类型的人那么明显。

具有以外倾感觉（Se）为优势功能，以内倾情感（Fi）为辅助功能的外倾感觉情感知觉（ESFP）特点的人，热衷于参与现实世界的各种活动，通常倾向于以个人的主观价值取向作为做人做事的出发点，喜欢灵活、自然、悠闲的生活方式。

他们做事情凭兴趣，时间规划能力差，爱迟到，不善于抽象思考，但是动手能力相当强，具有良好的身体协调性，并且非常热衷于人际交往。

在学习偏好上，他们一般不喜欢物理和数学，喜欢可以动手操作的科目，或是实用的工具性学科，但是会因为人的因素而表现出成绩波动，如果他们喜欢某位老师，或者某位老师喜欢他们，那一科的学习成绩就会更好一些。

归纳不同复合心理功能在学习上的特点。

具有直觉思维（NT）特点的人常常对物理、数学这些需要抽象逻辑思维能力的科目感兴趣，并且喜欢钻研，成绩稳定。

具有直觉情感（NF）特点的人常常对语言非常敏感，对语言和文学感兴趣，数学、物理常常也不差，成绩比较稳定。

具有感觉思维（ST）特点的人对数字敏感，在数学方面有优势，对人文科学常常不感兴趣，成绩比较稳定，除了偏好数学外，对物理、化学也比较感兴趣。

具有感觉情感（SF）特点的人，成绩常常受人的因素的影响而波动。

感觉情感又可分为感觉情感判断（SFJ）和感觉情感知觉（SFP）两种：

具有感觉情感判断（SFJ）特点的人一般对语文、英语、政治、历史更感兴趣；

具有感觉情感知觉（SFP）特点的人对实用的工具学科（如语言）或者可以动手操作的科目（如化学）比较感兴趣。

表2　不同复合心理功能在学习上的特点

复合心理功能	倾向科目（特点）	学习特点（特征）
直觉思维（NT）	物理、数学等抽象逻辑思维	喜欢钻研、成绩稳定
直觉情感（NF）	语言和文学较好，数学、物理尚可	追求有意义的学习，成绩较稳定
感觉思维（ST）	数学有优势，对物理、化学感兴趣	勤奋务实，成绩稳定
感觉情感（SF）	感觉情感判断（SFJ）：对语文、英语、政治、历史感兴趣 感觉情感知觉（SFP）：对工具学科（如语言）、动手操作学科（如化学、艺术类科目）感兴趣	受人的因素影响较大

家长在帮助孩子选择重点学习科目时，可以参考各种复合心理功能倾向的学科特点，扬长避短，合理而有效地引导孩子进行选择。

如果期望孩子有全方位的发展，也需要立足于孩子的优势，在已经帮助孩子构建了积极自我认同的基础上，对其他兴趣不大或是不擅长科目的学习加以引导。

科学引领孩子的兴趣爱好

随着孩子日渐长大，给不给孩子报兴趣班这个问题日渐盘旋在家长的脑海中。学什么？什么时候学？如果学着学着孩子想要放弃怎么办？这些恐怕是大多数家长面临的问题。

现在的家长都希望孩子多才多艺，除了学科学习，还会帮孩子报各种兴趣班。但是面对种类繁多的兴趣班，即使把孩子的时间加倍、把家长的钱翻番，也不可能都学完。如果选择得不合适，花了不少钱，却让孩子厌烦、焦躁，收效甚微，甚至给孩子造成一定的伤害。

那么，我们应该怎样从心理类型的角度，顺应孩子的特点，更有效地为孩子选择兴趣班呢？怎样培养或是平衡孩子的能力与兴趣发展呢？

观察和判断孩子

孩子自发的探索开始于1岁到1岁半，孩子行走得越来越稳，语言表达越来越清晰与丰富，对外在的世界充满了好奇。针对1岁到3岁的宝宝，爸爸妈妈可以多创造一些机会让孩子去探索、去体验，在活动体验中去观察孩子的表现。

在这个年龄阶段，家长可以给予孩子足够的信息刺激，如果孩子真的具有某方面的天赋，当孩子成长到某个年龄阶段时，这些优势就会凸显出来。

有些信息刺激是孩子在玩耍和体验中获得的，或是来源于家庭，例如，带着孩子在厨房里揉面团；在阳台上或者院子里种花草瓜果；在客厅里搭积木、开汽车、过家家。

或是来源于大自然，例如，带着孩子在小溪里抓鱼；在公园里捡落叶、找昆虫；在海滩上玩水玩沙。

或是来源于社区，例如，在小区游乐场踢球、骑自行车、滑滑梯。

或是来源于艺术作品，例如，带孩子去听音乐会、看表演、看画展、读绘本。

或是来源于兴趣班，例如，做手工、填色、涂鸦、玩黏土、学语言。

但是这个阶段孩子的活动以探索和体验为主，参加兴趣班的目的重在体验和观察，而不是确定孩子一定要在哪一方面发展。在孩子丰富的体验中，我们可能会逐渐发现孩子先天具备的一些心理特点。

初步判断心理类型

◆ 喜欢科学的直觉思维（NT）

有的小朋友喜欢追问“为什么”，看书的时候对科学类的话题充满兴趣，关注的问题非常广泛，他们可能天生具有偏好直觉思维（NT）的特点。

小维从记事起就对自己感兴趣的话题穷追不舍，直到找到满意的答案为止，让爸爸妈妈难以招架。所幸爸爸有着很好的耐心，引导着小维去思考、去看书。小维日常表现也非常内向。

小维可能天生就具有内倾直觉思维知觉（INTP）的心理类型特点。

◆ 语言突出的直觉情感（NF）

有的孩子会表现出突出的语言优势，但是不爱动手操作或是参加运动，他们可能天生具有偏好直觉情感（NF）的特点。

一位妈妈和我分享了她女儿的特点。这个小姑娘语言功能发展特别突出，虽然只有2岁半，但已经能时不时地用她听过的歌词来恰当地表达自己的心情。她似乎已经能理解这些语言的意义，但是她肢体动作发展得比较滞后，不会双脚跳，精细动作也发展得比较慢，而且她到了人多的地方就非常拘谨和警觉，常常喜欢一个人玩。

这个小姑娘可能天生就具有内倾直觉情感知觉（INFP）的心理类型特点。

大大咧咧的女孩小闹，对任何环境都充满兴趣，特别爱说话，用她自己的语言发表着对各种事情的看法，能说会道，但又说不出对什么最有兴趣，似乎这也想弄弄，那也想弄弄，每学一样东西，也都学得挺快。

小闹可能天生就具有外倾直觉情感知觉（ENFP）的特点。

◆ 注重细节的感觉思维（ST）

3岁多的小冬不爱听故事，就喜欢这里摸摸，那里敲敲，不喜欢超人，最喜欢汽车、飞机，对各种汽车品牌如数家珍。最近小冬又开始对钱感兴趣，时常问妈妈各种东西的价钱，数数的能力表现突出。

小冬可能天生就有内倾感觉思维判断（ISTJ）的心理类型特点，对现实的物件比较感兴趣，会去琢磨各种物件的细节，例如，质地、组成，或者对钱或数字比较敏感。

小强快4岁了，特别喜欢乐高玩具，每买一个新的乐高玩具，他都会认真地琢磨图纸，理清楚各个小零件，然后坐在地板上，独自一步步地把小模型拼出来。他也常常用各种颜色的积木搭建自己想要的房子、汽车。

小强可能天生就有内倾感觉思维知觉（ISTP）的心理类型特点。

虽然孩子的心理特点还在随着年龄不断发展，我们还不能一下子就判断清楚孩子到底是什么心理类型，但是当孩子在不同的环境中有了丰富的探索和体验后，他们的某些特点就会比较明显地凸显出来。

在孩子3岁后，我们可以尝试用心理类型的观点对孩子突出的特点进行归纳，继而依据孩子的特点，帮助孩子选择兴趣班。

因为孩子的能力与自我意识还在继续发展之中，即便以孩子的突出特点为基础选择兴趣班时，也要抱着尝试的态度，注意方式方法，不能对孩子过度逼迫，以致事与愿违。

总的来说，在孩子自发的、擅长的领域去挖掘和培养孩子的兴趣，更容易让孩子产生参与的乐趣。

◆ 关注现实的感觉情感（SF）

偏好感觉情感（SF）的孩子，可能小小年纪就会关注现实生活中的人，还会以自己的方式表达对身边人的关心，或是在意身边人对他们的看法。

小颜从两三岁的时候开始就特别在意别人对她的评价。她每天嚷嚷着让妈妈给她穿漂亮的公主裙，这样大家才会喜欢她，3岁不到，她就有了一柜子的公主裙。她也经常邀请小朋友去她家玩，在她家吃饭。

小颜似乎天生就表现出外倾感觉情感判断（ESFJ）的特点。

3岁多的晶晶常常安静地坐在桌前画画，画星星、画月亮、画小花、画幼儿园的小朋友、画妈妈……她的画色彩丰富，有模有样。

晶晶可能具有内倾感觉情感知觉（ISFP）的心理类型特点。

3岁多的小咪同样比较安静，喜欢一个人玩过家家的游戏，自己扮演妈妈，给每个娃娃起名字，并整理整齐，安排生活起居，有板有眼，小小

年纪就有照顾者的特点。

小咪似乎天生就有内倾感觉情感判断（ISFJ）的特点。

识别心理类型，发展孩子的兴趣特长

◆ 发展优势

内倾（I）的特点多一些的孩子刚开始优先选择人数少的小团体活动；外倾（E）的特点多一些的孩子则可以选择参加比较热闹的兴趣班活动。

感觉（S）功能强的孩子可以选择需要一定动手能力或是体育类兴趣班；具有外倾感觉（Se）特点的孩子可以选择球类、游泳、跆拳道等体育类兴趣班，或是表演类兴趣班。

直觉（N）功能强的孩子可以选择需要发挥创意的兴趣班，具有外倾直觉（Ne）特点的孩子可以广泛参加各种活动，获得足够丰富的刺激信息。

具有直觉情感（NF）特点的孩子可以选择语言方向的兴趣班，例如，国学、英语、作文；具有直觉思维（NT）特点的孩子可以选择科学、机器人、自然、编程等理科性质的兴趣班，也可以选择棋类兴趣班。

具有感觉情感（SF）特点的孩子可以选择声乐、舞蹈、美术等艺术方面的兴趣班；具有感觉思维（ST）特点的孩子可以选择数学、编程等理科性质的兴趣班，也可以选择棋类兴趣班，或是选择需要动手能力强的兴趣班。

以上这些兴趣班的选择是依据孩子的优势特点进行的，可以帮助孩子发展自己的优势功能，表现出鲜明的特色。

◆ 平衡劣势

另一类兴趣班的选择则是为了帮助孩子平衡劣势。

内倾（I）的孩子，在足够安全的情形下，可以适度参加形式比较活泼的兴趣班，例如，表演类兴趣班；外倾（E）的孩子可以适度参加比较安静的兴趣班，例如，棋类、瑜伽。

直觉（N）功能强的孩子肢体协调性发展常常比较弱，不太爱运动，可以适度参加游泳、骑自行车、球类等体育兴趣班，或是舞蹈兴趣班，帮助发展感觉功能和身体的灵活性。

感觉（S）功能强的孩子现实感强，想象力相对受限，可以适度参加发展想象力、有创意性的兴趣班。

具有直觉思维（NT）或感觉思维（ST）特点的孩子，情感功能可能发展比较弱，可以适度让他们参加艺术表达、讲故事等方面的兴趣班，帮助他们发展一定的情感表达能力。

具有直觉情感（NF）或感觉情感（SF）特点的孩子，逻辑思维能力发展可能相对缓慢，可以适度让他们参加棋类、数学等方面的兴趣班，帮助他们发展逻辑思维能力。

但是，因为这类兴趣班并不能体现孩子的优势功能，孩子在这些活动中自然不会像那些表现出优势功能的孩子那么突出。参加这类活动的目的是为了适度发展劣势功能，所以家长切忌拿孩子的劣势和别的孩子的优势进行比较。

因为不是孩子自发选择的、擅长的领域，在参加这类活动时，孩子体会到的乐趣可能没那么强烈，甚至会感到厌烦，爸爸妈妈需要不断地鼓励他们去坚持。

小文是个典型的具有外倾直觉情感知觉（ENFP）特点的孩子，优势功能是外倾直觉（Ne），辅助功能是内倾情感（Fi）。

小文妈妈为了培养小文的感觉功能，一直想尽各种办法鼓励小文参加游泳、书法、绘画等兴趣班，并且一直很清醒地知道参加这些兴趣班的目的。只要小文去参加了，她就会给予鼓励，不会特别在意是不是优秀。几年下来，小文的感觉功能有了明显提升。

孩子上了小学后，自我意识与认知功能都在不断发展，尤其到了小学五六年级，他们自己的目标感会越来越明确，心理类型的特点也越来越清晰。

到了小学中高年级，爸爸妈妈可以依据孩子的特点与能力，更有目标性地对孩子进行培养。

可以鼓励孩子忍受枯燥乏味的练习，感受阶段性的学习成果带来的喜悦，促进孩子更坚定地向自己擅长的领域发展，或是培养独具特色的才艺。

依据心理类型，有针对性地培养

◆ 孩子想要放弃时，家长要引导孩子坚持

在所有心理类型中，哪些类型的人会比较难以忍受单调乏味的重复练习？首先是以外倾直觉（Ne）为优势功能的人最不能忍受重复乏味的感

觉，其次是以外倾直觉（Ne）为辅助功能的人。

详细说来，这两大类包括4种心理类型。以外倾直觉（Ne）为优势功能的心理类型有外倾直觉情感知觉（ENFP）和外倾直觉思维知觉（ENTP）；以外倾直觉（Ne）为辅助功能的心理类型有内倾直觉情感知觉（INFP）和内倾直觉思维知觉（INTP）。

如果你的孩子具有这4种心理类型的特点，当他们有了厌倦感或是觉得没有意义的时候，可能常常会在别人看来状态还不错的时候选择放弃，难以做到持之以恒。

他们会受外部环境的影响，勇于尝试新的可能性，但是难以在一个方向上坚持下去，直到达成某些目标。

面对这些孩子，不能仅仅以兴趣为导向，不能因为没有兴趣就不断地放弃，爸爸妈妈需要引导他们有一些现实的考虑，前提是要认同他们内在的真实感受，在被认同的情况下，孩子才有可能去忍受单调乏味的感觉。

◆ 让兴趣分散的孩子精力更加集中

具有以外倾感觉（Se）为优势功能的外倾感觉情感知觉（ESFP）和外倾感觉思维知觉（ESTP）特点的人，常常对现实生活中很多方面表现出广泛的兴趣，但总是浅尝辄止，他们可能经历丰富、知识面广，可惜显得分散、凌乱。

所以，爸爸妈妈有必要引导这些孩子选择某些方向作为他们的主要兴趣点，要适度地精减所参加活动的种类。

总而言之，家长在面对给孩子选择兴趣班这个问题时，从心理类型角度，首先可以让孩子多体验，在体验过程中发现孩子的特点，继而以这些特点为基础，为孩子选择可以优先发展的兴趣方向，也可以选择能够促进孩子劣势功能得到平衡发展的兴趣班，并且一定要牢记，参加这两类活动存在不同的目标。

以外倾直觉（Ne）为优势功能或辅助功能的孩子格外需要家长的鼓励和支持，去忍受单调乏味的感觉；以外倾感觉（Se）为优势功能的孩子则需要家长引导，精减活动广度，集中精力在某些方面。

AI CONG KAN JIAN
HAI ZI KAI SHI

第4章

了解孩子的性格特点，让养育更有效

内向的孩子该怎么教

曾经有一位妈妈带着孩子来找我咨询。孩子2岁多，带她到别人家去做客，凳子还没坐热，她就拽着妈妈的衣服要回家；带她在院子里玩耍，她就很紧张地僵在那里，绝不和别的小朋友一起玩。这位妈妈担心自己的孩子患有自闭症。

我问了孩子在家里的表现，妈妈说孩子回到家里就完全不一样了。她可以大声唱歌，可以和爸爸妈妈说很多话，可以用她听到的歌词表达自己的心情，并没有任何自闭症所特有的重复刻板行为。

我们可以说这个孩子不是自闭症患者，只是个非常内向的孩子。内向的孩子常常远离社会交往，这会让家长担忧他们得了自闭症。

我了解到这位妈妈自己就是一个非常内向的人，从一定程度上来说，孩子遗传了她的内向。妈妈因为内向没办法给孩子营造一个轻松、开放的养育环境，导致孩子更难发展社会交往能力。

孩子的爸爸是一个外向的人，于是我建议让孩子的爸爸多带着孩子到比较放松的环境中去。爸爸和人交往是比较轻松自如的，可以给孩子营造一个安全的社交环境。

内向的孩子喜欢独自待着

不久，妈妈就告诉我，在爸爸的陪伴下，孩子已经能在外面和别人有一些互动了，妈妈从此慢慢放下了心中的不安。

内向是一种天生的气质，内向的孩子并没有错。父母把一些所谓的理想的性格强加在内向的孩子身上，会损害他们的自尊，加重内疚感和羞耻感，让他们觉得自己这样是不对的，导致他们没法接受自己本来的样子，去实现价值和创造力。

接纳内向的孩子

虽然内向的孩子在外面表现得比较慢热，但内向的孩子有自己的优势，并且内向的孩子在安全的环境中也能表现得活泼开朗。

依据心理类型理论，每个人都不是绝对的外向或绝对的内向，只不过内向的孩子在内向的方面表现得更强烈、更突出，外向的功能相对比较弱。

依据心理类型的功能特点，人在以内倾情感（Fi）、内倾思维（Ti）、内倾感觉（Si）或内倾直觉（Ni）为优势功能的时候，都有可能表现出比较内向的特点。

内向和外向的孩子之间最大的差别在于他们获取、消耗和保存能量的方式。内向的孩子从内心吸取能量，需要与自己的情感、思想和知觉进行沟通，才能保持活力和身心平衡。

内向的孩子常常有高度敏锐的观察力，对于感兴趣的事物会研究得比较深入，在处理信息的时候需要花费较长的时间，但是能够把更多的信息整合到一起，在经过深思熟虑后他们才能发言。内向的孩子比较难让身体活动起来，在陌生的环境中，尤其会表现得行动迟疑，他们需要在低刺激的环境中重新蓄积能量。太多的外部刺激，如活动、噪声和谈话声都会消耗他们的能量，让他们精疲力竭。

当一个内向的孩子在嘈杂环境中哭闹不休的时候，很可能是因为他已经疲倦不堪了，家长需要把他带到一个相对安静的环境中让他休息。同时，家长可能也会特别担心，内向的孩子如何才能更好地适应外面的世界呢？

倾听内向的孩子

◆ 重视和倾听内向的孩子

当我们面对一个内向的孩子的时候，除了接纳之外，就是要重视跟他对话，要努力地倾听他，只有这样，内向孩子的想法才能更容易表达出来，更接近外部世界。

当内向的孩子在你面前哭泣时，千万不要再加以指责，他之所以能在你面前哭泣，是因为你是他信赖的人。请允许他哭泣，给他一个拥抱，给他一些支持，他就会慢慢好起来。

呵斥、指责会让他感到内疚与羞愧，觉得自己做错了，会关闭对外交流和表达的通道，自怨自艾、自暴自弃、自我伤害的事情就都有可能发生。

在成长过程中，如果内向的孩子在家庭互动中感受到了幸福，感觉到了自己被家人接纳，他们就会相信自己，建立自信。

内向的家长和内向的孩子之间容易达成无言的共鸣，交流更为轻松，可能一个眼神、一个小动作就能让双方相互明了。但有些内向的家长也会担心孩子的内向性格，这可能缘于他们自己因为内向而拥有过一些不愉快的成长经历，所以特别害怕孩子会重蹈覆辙。

◆ 家长首先要自信

那位担心孩子患了自闭症的妈妈，在知道孩子只是性格内向后就释然了。但是紧接着又有了新的担忧，那就是，她自己由于内向，从幼儿园一直到上高中都有很多不被公平对待甚至是被欺凌的记忆。

这些事情之所以一直发生，是因为她的父母工作忙碌，婚姻中有矛盾，从而无暇顾及她的感受，她也从不把这些经历告诉父母。当一个内向的人连父母的支持都得不到的时候，和外在的联系就会越发糟糕。

我试着帮助她看到，孩子和她不一样，因为她的孩子有爸爸妈妈的关心，在爸爸妈妈的陪伴下，虽然孩子天生内向，但仍可以开心地成长。

所以，内向的家长一定要首先自信起来，然后给予孩子支持。外向的家长在面对内向的孩子的时候，更有可能会怀疑孩子出了问题。

外向的妈妈时常觉得内向的小清哪里不对劲。“她只有一两个朋友，也不太主动邀请她们来家里玩，在学校里不怎么发出声音，不被老师关注，一个人可以在家里待很久。我像她这么大的时候，经常参加学校里的活动，特别活跃，她怎么一点儿也不像我，她是不是生病了？是不是得了抑郁症？怎么才能打开她的嘴，让她和我多交流一些呢？”

小清的确是一个非常内向的孩子，和她说话时节奏要放得很慢。同时她又是一个以内倾情感（Fi）为优势功能的孩子，和她说话要非常小心。如果说的话和她的内在想法不一致，她会因此而产生抵触，但又不会明说，那种消极、被动反应就会表现出来。

我尽力地从小清的角度去理解她，小清渐渐对我敞开了心扉。妈妈时常不接受她慢吞吞的特点，总在催促她，让她受不了。

妈妈经常在自己还没弄明白某些事的时候，就告诉她怎么做，让她无从下手。妈妈还会安排她去参加一些她完全没有兴趣的活动以提升她的能力，她一到那些场合整个人都是发蒙的。

我成了小清母女之间的桥梁，我把小清的感受告诉了妈妈，试着让妈妈去理解小清，又和小清讨论，她可以参加妈妈为她安排的哪些活动，同时叫停那些她毫无兴趣的活动。小清和妈妈的交流慢慢有了好转，妈妈慢慢感受到了内向的小清各种暖心的举动。以内倾情感（Fi）为优势功能的孩子在感觉足够安全的时候，是忠实而温暖的。

给内向的孩子适当的空间

以内倾思维（Ti）或内倾直觉（Ni）为优势功能的孩子，时常有强烈的好奇心，会固执地追问一些需要反思或通过研究才能回答的问题。而这些问题，外向的人可能根本不会考虑。

这些内向孩子的追问会让外向的家长心烦或畏惧。“又在瞎想，不要想了，你没必要知道，不用理它。”“我忙着呢，没时间想这些有的没的问题。”“他怎么就这么奇怪，真的不像是我的孩子，实在弄不懂他。”

那些以内倾思维（Ti）为优势功能的孩子和成人，虽然年龄、性别不同，但有一个共同的困惑：是我有问题，还是别人有问题？他们试着学习一些外向的方式去和周围的人打交道，但总是觉得别扭。

他们更擅长用自己熟悉的方式去思考、去探究，但是身边很少有人和他们有相同的兴趣、相似的观点，所以很少有人能真正理解他们。他们中的大多数人会在和大自然、小动物、植物的接触中，投入自己的情感，获得内在的安宁。

以内倾感觉（Si）为优势功能的孩子害怕犯错、谨小慎微，显得比较胆小。外向的家长常常无法理解，会觉得“哪有那么多担心，试着去做就好了”；精力充沛的家长会东奔西跑，风风火火地办事，痛痛快快地玩，自认为已经为孩子做了很多事，但是他们可能完全没有感受到和理解孩子内心的不安，甚至恐惧。如果家长不做调整去适应内向孩子的步调，孩子很可能变得情绪消沉。

小林已经20出头，他的优势功能是内倾感觉（Si），因为他谨慎细致，学习上从来没有让妈妈操过心，但是他为人处世的方式却让外向的妈妈无法忍受，觉得他做事情不果断、不干脆。

她觉得小林已经二十几岁了，应该多参加一些社交活动，于是就带着小林去社交。但是内向的小林到妈妈安排的社交场合时只有疲惫的感觉，自然不可能游刃有余。这让妈妈大为恼火，觉得小林是在拒绝她、不爱她。

妈妈的指责让小林非常委屈。小林告诉我，在那些场合自己真的很累，头晕脑涨。这样的事情不断发生，小林对妈妈有了更多的消极抵抗，情绪开始消沉起来。妈妈看见小林不开心，就又觉得被冒犯了，说：“我都没觉得不开心，你倒是不开心起来了。”

小林越发不能向妈妈表达自己的感受，妈妈就又说：“你去参加活动不痛快，为什么不告诉我？你有什么事从来都不和我说。”小林不知如何是好，最后变得抑郁消沉，于是时常待在自己的房间里。妈妈见此又大为光火，说：“一家人得有一家人的样子，老待在自己的房间里做什么，多到客厅里来，一家人可以多聊聊天。”小林没办法维护自己对独立空间和隐私的需求，回到家里只好硬着头皮在客厅里待着，听着外向妈妈的训话。

虽然母子俩已经在我这里开始了心理咨询，但我觉得小林妈妈的工作真的很难做，内向的我和内向的小林共同来应对外向强势的小林妈妈都还觉得困难。

外向的家长一定要给内向的孩子适度的自由空间，让他们感觉到安全、放松，要试着去理解内向孩子的停顿与沉默，过于紧逼只会让亲子关系变得越发僵持，孩子的情绪会日益糟糕，这一定不是家长愿意看到的结果。

内向的孩子需要长情的陪伴

◆ 鼓励孩子适度地向外发展，适应环境

内向和外向的性格就像跷跷板的两头，内向的孩子的确需要适度参与

外部世界的活动，否则容易变得自卑，或者迷失在内心世界中。在接纳和建立良好对话的基础上，家长需要引导内向的孩子适度地向外发展。

上学是孩子向外发展的最重要一环，但是有不少内向的孩子会在学校环境中遇到障碍，不喜欢上学，甚至厌学，严重时还会出现焦虑、抑郁的情绪。

这是因为内向的孩子需要更多的时间和空间，需要按照他们自身的节奏来学习，需要安静、宽松、温暖、充满鼓励的学习氛围，也需要对自己的处所和物品有拥有感。

现在学校的常规设置对外向孩子更友好，嘈杂的教室、跑来跑去的孩子、竞争的氛围。当内向的孩子身在其中时，常常感受到巨大的压力，无法思考，无法专心做自己的事情。

老师无法抽出足够多的时间来等待一个内向的孩子，甚至会误解内向的孩子是不容易接近的，觉得他们叛逆、不聪明、冷漠、不愿意交流。老师也因此感到沮丧，越发不能平和地对待内向的孩子。内向的孩子也可能因为安静、专注而被老师忽视。

这些情况都不利于内向孩子在学校中获得正向的发展。家长如果有条件为孩子选择学校，要尽可能地为内向孩子选择环境安静、制度宽松、关注孩子内心、以鼓励为主的学校，人数少一些的小班会更适合。

住校对于外向孩子来说不是一件难事，但对于内向孩子来说，却是一个巨大的挑战，集体住宿和学习的环境会给内向孩子带来拥挤、逼仄的感觉，让他们想要即刻逃跑。

遇到这种情况时，与学校协商，让孩子能每天回家，是家长必须做的调整。只有这样，孩子才有喘息的机会。

◆ 多多陪伴内向的孩子

当内向的孩子向外发展时，家长最好能和内向的孩子建立定期交流的习惯。例如，每天或每周安排轻松的亲子时光，和孩子聊一聊学校里发生的事情、和小伙伴的关系、孩子感兴趣的事情等等。

鼓励孩子发现环境中的真善美，陪伴孩子克服向外适应的困难，寻找自己的优势并建立自信，父母的爱护与善待给内向的孩子奠定了爱的基调，有助于内向的孩子获得别人的爱护与理解，让他们在爱的环境中成长。

精力旺盛的孩子该怎么教

说到精力旺盛，大家可能会觉得这是养育男孩的话题。的确，由于生理激素方面的原因，精力旺盛、不好管教的男孩更常见，他们似乎天生就有着用不完的力气和能量。

Nurture纪录片频道做了一个“温和”的实验：10个11～12岁的英国男孩被邀请到一所房子里住了5天，没有大人的干预与照顾。结果在5天中，虽然善良与友谊以及成熟孩子的领导力有所展现，但是男孩们的“破坏力”更让人震撼。

精力旺盛的男孩们待在房子里，如同困兽一般，他们不断寻找刺激，进行攻击和破坏。有人说，如果再把这些孩子多关几个星期的话，就很可能发生可怕的暴力事件。

精力旺盛与雄性激素

男孩的雄性基因和雄性激素注定了他们比女孩更加精力旺盛，他们具

精力旺盛的孩子

有创造力、热爱竞争、渴望有所作为、渴望保护别人。

体内雄性激素含量高的男孩通常具有很强的领导能力，要么是班里的英雄，要么是无可救药的“坏学生”。他们勇于挑战、敢于竞争、体格健壮、精力充沛、活力四射。

男孩的妈妈们可能一方面希望自己的孩子好胜心强，去积极拼搏；另一方面又不允许孩子充分地活动和探索，总是盯着孩子坐在课桌前写作业、看书。

在这样的矛盾下，男孩常常不能发展天性，施展手脚。有的男孩会在青春期借着身体能量的骤然增长，发起叛逆的“战争”，靠打败成年人来寻求内心的平衡，满足自尊心；有的男孩则有可能身心俱疲，最后焦虑抑郁。

精力旺盛的女孩体内雄性激素含量通常也比较高，好胜心强，学习专注，有着较强的克服困难、应对挫折的勇气。

精力旺盛的心理类型特点

具有以外倾感觉（Se）、外倾直觉（Ne）、外倾思维（Te）和外倾情感（Fe）为优势功能特点的人，都会表现出外向的精力旺盛的特点。不同之处在于，他们表现出精力旺盛的方面会有所不同。

具有外倾感觉（Se）优势功能特点的人会不断地寻求各种现实的高强度刺激；

具有外倾直觉（Ne）优势功能特点的人会不断地寻求各种未来的可能性，不能停留在一个固定的、熟悉的、乏味的情境中；

具有外倾思维（Te）优势功能特点的人是典型的“工作狂”，他们会一直忙碌于制订计划、实施计划或完善计划，为了实现目标乐此不疲；

具有外倾情感（Fe）优势功能特点的人会精神饱满地去满足他人的需求，维持和谐的人际关系。

“动”是他们的关键词，要么为了获得感官刺激而动，要么为了摆脱枯燥乏味而动，要么为了实现目标而动，要么为了满足他人而动。

顺应精力旺盛的孩子的发展需求

◆ 引导孩子积极参加丰富的活动

当我们养育精力旺盛的男孩时，需要顺应他们的心理类型特点，引导他们积极参与有趣、具体的活动，获得自我成就感，让他们的精力正向发展。外倾感觉功能强的孩子可以多参加一些体育活动或者动手操作的活动，外倾直觉功能强的孩子可以多参加一些丰富多样的探索性活动，外倾思维功能强的孩子可以制订一些有关学习、兴趣或休闲的具体行动计划并实施，外倾情感功能强的孩子则需要多参加一些与人互动的活动项目。

在有些家庭中，家长是内向的，孩子是外向的。在内向的家长眼中，精力旺盛的外向孩子过分活跃、要求多、聒噪，让人难以招架，像只小怪兽。

有一个家庭至今让我难以忘记。来见我的是大儿子，他已经14岁了，还有一个小他3岁的弟弟。妈妈全职在家照顾两个儿子，孩子的爸爸常常找各种借口晚回家，在两个儿子的成长经历中，爸爸明显缺位。

妈妈非常内向，难以招架外向的大儿子。大儿子对外在的世界充满了好奇，希望自由地去探索，内向、焦虑的妈妈却充满了担忧，不放心他参加学校的活动，接受同伴的邀约，但又拗不过外向的儿子。

所以，从小到大，在大儿子的要求下，这位内向的妈妈就勉为其难地带着他东奔西走，却感觉疲惫不堪。内向的小儿子在妈妈眼里乖巧得多，“还好还好，这个孩子不太让我操心，他不爱出门，让他干吗他就干吗”。

大儿子14岁了，正处于青春期，有了更多叛逆的想法，怕孩子惹麻烦，妈妈只能非常无奈地把这个孩子反锁在家里。我们可以用压抑、控制来评判这位妈妈，但是这位内向的妈妈真是没有招架之力，在担心孩子学坏的焦虑中，她只能用这种不是办法的办法来应对。

◆ 鼓励爸爸参与对孩子的教养

有的妈妈在生下男孩后，会产生莫名的焦虑甚至恐惧，对于男孩的成长没有切身的感受，不知该如何养育。

在应对内心的焦虑不安时，男孩和女孩常常存在差异，男孩会到处疯跑、大声吵闹，会表现出多动的特点；女孩则常常表现得胆小害羞、沉默不语。

如果以好奇的态度去了解男孩的世界，有助于妈妈养育男孩，但是内向的妈妈在面对外向的儿子时仍会觉得困难，需要获得爸爸的充分支持。

在帮助这些家庭时，我会极力地鼓励和建议爸爸们参与家庭教育。爸爸可以和孩子一起打闹，但是也需要给男孩制订必要的规则，让孩子知道什么时候应该停，帮助他们发展自控力。爸爸可以主动和孩子在一起，和他们聊天、玩游戏、做手工，一起去旅行。

男孩会模仿爸爸，学习爸爸的人生态度，通过观察爸爸的行为来学习如何为人处世。但是在父子关系中，有一个现象非常突出，爸爸们为了掩饰自己的不安，可能会通过一些快速释放压力的方式转移注意力，诸如发怒或者开玩笑，这些行为会让孩子困惑而不能和爸爸真正地建立联结，也不能真正地感受到爸爸的陪伴。

“熊孩子”需要向内的指引

◆ 精力旺盛的“熊孩子”

小阳，一个我看着长大的男孩，从小就长得高高壮壮的，在任何陌生的环境都能很快地熟络起来，更别说是在熟悉的人群中了。他能说会道，幽默风趣。随着年龄的增长，游泳、溜旱冰、骑自行车、打篮球、打网球……每项运动他都非常投入，乐于参与，玩得有模有样。

但是有一个现象也非常突出，那就是小阳不能安静地在家待着，不能独处，无所事事时会觉得特别无聊，不停地打电话联络同伴。当小伙伴都忙于学习，没有太多闲暇时间和他一起玩耍时，小阳开始转向比较刺激的电脑游戏，对学习的兴趣下降，爸爸妈妈不免焦虑起来。

依据心理类型的特点，小阳是一个非常典型的以外倾感觉（Se）为优势功能的孩子，活泼好动，精力旺盛。他的精力向外发散到外部世界，不断地扫描外部环境以寻找刺激，熙熙攘攘的喧闹会让他感到浑身是劲，独处太久反而会让他萎靡不振。

这一类型的孩子常常需要高刺激的环境给他带来兴奋感，爸爸妈妈已经有意识地给他安排了丰富的课余活动，但从不轻易表达对小阳的认同与欣赏，反而经常批评小阳。

妈妈甚至有些嫌弃小阳的表现，觉得他太闹腾，需要多给他安排一些活动“打发”他，至于他在活动中表现如何反而不那么重要。所以，虽然小阳参加了很多活动，但并未有助于他的自我认同，他的内心时常是空虚的。

由于成绩并不突出，小阳在学校里没能得到老师足够多的关注，他便用自己的方式挑衅老师、攻击身边的同学，时常被要求叫家长。

爸爸不想面对老师的指责，每次都是妈妈去应对。妈妈了解到小阳在学校里的挑衅与攻击行为常常缘于他觉得没有被公平公正地对待，便对小阳说：“你别管那些，安心上你的学不就得了。”但是小阳就是做不到。

男孩需要明确的指令，需要了解谁是“老大”，规则是什么，以及规则能否得到公正的执行。在组织不健全的环境中，男孩会没有安全感，会感到处于危险之中，可能会用武力来明确强弱次序。

男孩表现得异常粗暴是为了掩盖内心的恐惧。如果带领他们的人恃强凌弱，男孩的压力会增大，会为了保护自己而做出过激的事；如果老师或父母和蔼可亲而且公正无私，男孩就会停止过激的行为，专注自己的学业。

◆ “熊孩子”需要内向的思考与平衡

内向的人常常向内观照自己的感受与想法，用内在的感受与思考来平衡自己外在的行动；外向的人常常把内向的人视作生活的“锚”，从而抵消掉自己疲于奔命的倾向。内向的人可以提醒外向的人三思而后行，放慢速度，也可以提醒外向的人享受闲适、静心思考。

小阳的父母都是非常外向的人，接纳小阳并没有那么困难，但是没办法带领小阳找到内心的安宁。

小阳在大约11岁时认识了一位博士，这位男性有着小阳非常陌生的内向稳定的特征，且谈吐不俗，爱好广泛，一下子就让小阳产生了兴趣，两个人成了忘年交。

这位博士带给小阳从自己的父亲那里没有得到过的欣赏与指引，他鼓励小阳看书，欣赏小阳投身于各项活动的热情。当小阳违背一些规则时，他也能很坚定地叫停小阳的行为。

那位博士成了小阳内心的“锚”，和他交谈能让小阳渐渐向内感受和思考，充当了小阳“替代父亲”的角色，小阳在家里和学校里的表现都有了一定的改观。

◆ 让外向的孩子达成心理与外界的平衡

还有一些家长会有甜蜜的烦恼，他们的孩子通常在学校和家里都表现得特别积极上进，具有以外倾思维（Te）为优势功能的心理类型特点，精力旺盛，而且把精力都用于家长和学校所认可的事情上，成为大家称赞的“学霸”。这些家长常常想让孩子放松一些，担心孩子的弦绷得太紧了。

小敏从小到大都被当作“别人家的孩子”。她遗传了爸爸的严谨理性，极力地把自己的学习安排妥当，乐此不疲地学习，每学一样东西都想要获得一定的成绩。

妈妈从最初的欣赏、鼓励，到后来逐渐有了一些焦虑和担心，觉得小敏这样的快节奏学习会给她自己带来很大的压力。小敏妈妈的担心不是杞人忧天，在高二时，小敏出现了明显的焦虑。

来见我时，小敏浑身散发着理性而敏锐的气息，缺乏女孩的柔美。我需要帮助她减轻焦虑，顺利参加高考，但从长远来说，更需要帮助她充分发展女孩的特征，让她建立女孩积极的自我认同，成长得更完整。因为，成为“工作狂”，她并不一定能快乐。

这些对自己要求严格的孩子，因为有着旺盛的精力，所以在学业上都有不错的成绩。但是家长一定要留意他们的内心，只有内心充盈、外在努力和成绩三者兼备时，他们才会成长得更顺利。

成功养育孩子就意味着要接受孩子的本性，并用适合的方式对他们进行积极的引导。

面对外向的精力旺盛的孩子，家长一方面要顺应他们，让他们对外在世界进行充分的探索与感知；另一方面也需要适当地引导他们关注自己的内心，帮助他们获得积极的自我认同，达成内外的平衡。

倔强任性的孩子该怎么教

一说到倔强任性的孩子，我们似乎就能看到一个不听周围人劝导或管教，一味坚持自己想法的固执小孩。

这样的孩子常常处于以自己为中心的状态。或者哭闹不休，直到家长妥协而满足自己的需求；或者强硬、倔强、死扛到底；或者就闷着，别人说什么都听不进去；或者暴力还击，咆哮狂躁，甚至“孤独求败”让人心疼。

倔强任性孩子的特点

当孩子呱呱坠地的时候，爸爸妈妈们都充满了美好的愿景，希望孩子是个可爱的“小天使”。

可爱、听话是大人们的诉求，但即便在婴儿期，这个愿望都有可能会被打破，因为有些孩子哭闹起来很难安抚，一哭起来就持续一两个小时是常事。随着孩子逐渐长大，会走路了，会说话了，爸爸妈妈在欣喜之余，常常发现这个小人儿越来越有自己的主意。

有位爸爸曾经告诉我，他的女儿从2岁开始，对大人的所有要求只有一个反应，那就是说“不”，不要吃饭，不要睡觉，不要洗澡……时常和大人闹别扭。完全顺着她肯定不行，不顺着她又会哭闹不休，难以收场。大人拿她没办法，实在气不过，吼一顿甚至打几巴掌是常有的事，但这根本无法彻底解决问题。

面对两三岁的孩子，不少家长都会纳闷：“孩子以前挺乖的，怎么现在越来越任性、越来越不听话了，应该怎么管教呢？”

我们先来了解一下孩子为什么会任性倔强。

在孩子的成长过程中，随着自我意识的发展，通常会经历两个反抗期。

所谓反抗期，是在这些年龄阶段，随着孩子身体的发育，孩子的自我意识会快速地提升，他们有了更多自己的想法，会和家长或老师有一定的碰撞，为了保护自我意识的发展，就会在一定程度上表现得叛逆、倔强、任性。

两三岁的孩子会经历“第一反抗期”，在这个时期，孩子有了一定的叛逆性。你让他向东，他偏要向西；你要他向南，他偏要向北；你跟他来硬的，他比你还硬；天冷了，让他穿外套，他偏不穿；客人来了，让他有礼貌地招呼客人，他偏偏不理不睬。

这个阶段孩子的任性是自我意识发展的表现。孩子的“反抗”行为是促进他们能力发展的心理动力，一味地满足容易造成孩子任性和执拗，过多地限制会挫伤孩子的自尊心，导致他们变得顺从和依赖。

大人可以及时抓住这一时机因势利导，从旁协助，对孩子的某些行为给予适当的鼓励，协助他们发展良好的自我意识，减少他们和大人对着干的倔强行为。例如，孩子喜欢独立行走，就不必非得去搀扶他，大人可以在旁边加以保护；孩子要自己吃饭、穿衣，就让他自己动手，大人在旁边给予指导。

大人也需要温和而坚定地告诉孩子必要的规则，并且全家人要态度一致地执行，不要因为孩子任性哭闹就向他妥协，也不要让孩子在夹缝中求生存。在孩子完成了一些探索性活动，遵守了必要的规则时，要及时给予认同与欣赏。

大人因势利导、温和而坚定的养育方式有助于孩子自我意识的形成和动作技巧及能力的发展，促进孩子心理健康的发展，帮助孩子顺利度过“反抗期”。

青春期的孩子会经历“第二反抗期”。14岁常常是高峰期，是青少年为“把自己从父母的束缚中解放出来而战斗”的时期。即便家长和老师做了各种心理准备，但是当真正面对青春期孩子的时候还是时常难以招架。

在这个阶段，青少年希望自己能够独立自主，不再依附于大人，为了挣脱大人的约束会有很多倔强任性的表现，家长如果处理不好，会对孩子产生极其不良的影响。

一位焦虑的妈妈告诉我，她刚上初中的儿子小凯不肯去上学了。听到这里，我自然要去了解这个孩子的特点与家庭养育方式。

这位妈妈告诉我，孩子从小到大最突出的特点就是倔强任性。小时候他是奶奶带的，妈妈没怎么管他。他和别的孩子一起玩的时候，气性特别大，常常因为没顺自己的意就发脾气。奶奶对他很溺爱，一见他发脾气就尽力满足他。由于他的学习成绩一直非常优秀，妈妈对他的任性也没在意。

小学六年级的时候，因为一件小事，班主任老师批评了小凯。他倔强地认为老师对他不公平，在学校里大发脾气，老师对他进行了惩罚，让他在办公室罚站。从此以后，他便对这位老师充满了敌对的情绪，不愿意再和她说话。

后来，小凯以优异的成绩被当地最好的初中录取。妈妈原本以为上了初中，去了新的环境，孩子会有所改变。结果刚去学校一天，孩子就打电话给妈妈，让妈妈来接他回家，他不想在学校待着。

之后，妈妈想尽办法威逼利诱，孩子陆陆续续上了1个月的学后，便死活都不去学校了，情绪也越来越糟糕，被医生诊断为躁狂抑郁双相，需要服用药物来治疗。

倔强任性与内倾情感（Fi）功能的发展

◆ 以自我为中心的内倾情感（Fi）

当说到倔强任性时，我们通常会联想到“以自我为中心”“自我意识的发展”“自己的想法与需求”这些字眼。从心理类型的角度来说，与倔强任性密切相关的是一个人内倾情感（Fi）的心理功能特点。

内倾情感（Fi）功能常常让孩子表现得以自我为中心，考虑事情喜欢从自己的角度出发，“我是不是喜欢”“我觉得怎么样”，喜欢参加自己觉得有意义的活动。所以每当我遇见一个倔强任性的孩子的时候，我都会试着去感受和评估这个孩子内倾情感（Fi）功能的发展状态。

◆ 不要溺爱和娇惯孩子

两三岁的孩子会走路、会说话了，常常以自我为中心，希望能够独立生活，不再像婴儿期那样依赖大人的照顾，在独立自主、自我肯定以及自我意识发展方面都会有积极明显的表现，时常流露出要自己做主才能满足自我的需求。

这一阶段的充分发展有助于孩子内倾情感（Fi）功能的适度分化与稳定，孩子会逐渐清晰自我内在的需求，会进行自我肯定与自我激励。

但是如果在这个阶段过度放纵孩子，家长给予孩子的爱护和关照太多，对孩子的要求无论对错一律满足，时间一长就给孩子造成了“我想要什么就能有什么，我想怎么着就要怎么着”的错误认识，孩子的内倾情感（Fi）需求会过度膨胀，变得过度以自我为中心，不能为别人着想。

当愿望不能得到满足时，他们就哭闹不止，家长迫不得已继续迁就，这样会不断地助长孩子任性的气焰。这种养育方式容易养育出一个倔强任性的孩子，这是一种被惯出来的倔强任性。

◆ 不要打压和忽视孩子

对于倔强和任性的孩子，家长在养育时要注意，不要打压和忽视孩子，要关注孩子的自我需求和发展需要。

前文提到的无法继续上初中的小凯在3岁前都是奶奶带的，因为是家里唯一的孙子，奶奶自然对他宠爱有加，年轻的妈妈乐得轻松。小凯的爸爸长年不工作，生活费都来自小凯的奶奶。这个家庭不仅有一个倔强任性的青少年，还有一个长期待在家里、倔强任性的爸爸。

奶奶是一个超级全能的人，既能挣钱，又能照顾儿孙，只是这样的“全能”惯坏了儿子，也惯坏了孙子。

妈妈没有那么全能，与不工作的爸爸在一起生活，时不时会有焦虑感，自然对孩子的成长寄予厚望。

当孩子3岁到了上幼儿园的年龄时，妈妈一下子紧张起来，觉得孩子该去上学了。她每天硬着心肠，强行把小凯塞进幼儿园，然后掉头就走。

被奶奶溺爱的小凯，连续两三个月每天在幼儿园哭闹一两个小时，让幼儿园的老师难以安抚。这是在我的追问下才了解到的有关孩子成长的信息，妈妈觉得孩子上幼儿园哭很正常，她并没有把小凯上幼儿园时的经历和现在上初中的表现联系在一起。

小凯是个敏感的孩子，在我和他的交流中，他诉说了妈妈如何强硬地把他送去幼儿园，之后又是如何强硬地把他送去上小学（小凯在上小学时同样出现过非常明显的分离焦虑），以及在他有自己的想法时爸爸曾如何暴怒地打他，在学校里老师如何强硬地要他向同学道歉，等等。这个在妈妈眼里被宠爱的孩子却深深体会到自己内在的情感被忽视、自己的需求被打压的感觉。

我把孩子的这些感受转述给妈妈听时，妈妈一脸困惑。她对孩子的内心世界知之甚少，在孩子不去上学后，她才意识到要努力做个好妈妈，并试图去靠近孩子。她的做法是不断地对孩子讲道理，希望孩子能够回去上学，但是孩子内心很多细腻脆弱的感受她完全不知道。在这种情况下，孩子只能用这种适应不良的方式即厌学来保护自己，即便小凯很聪明，学习成绩非常优秀，可就是不愿回到学校。

在孩子自我意识的发展过程中，如果自我的需求、发展或情感常常被打压、限制或者忽视，就有可能导致孩子的内倾情感（Fi）需求无意识地过度补偿。在面对规则与管教时，他会表现出倔强任性、不服管，所以在小凯身上还有一种因被打压和忽视而来的倔强任性。

这种打压和忽视很常见，家长对孩子要求严格，希望孩子各方面都很优秀，不允许孩子有过失、有错误，信奉“棍棒之下出孝子”的落后教育观念，动不动就打骂孩子、使用暴力。久而久之，孩子就产生了逆反心理，明明知道自己错了也要对抗，养成了倔强的脾气，而此时家长更生气，于是再狠狠地打，导致越打越犟、越犟越打的结果。即使原本平和的孩子，也会被家长打成一头不服管教的“犟牛”。

孩子用倔强的方式坚守着自己内在的情感与需求，当他们自己守护无力时，躁狂抑郁双相的表现就会在青春期如约而至。

面对被打压和忽视所造成的倔强任性，我给出的建议常常是“动之以情”。像小凯这样的孩子，道理他都懂，妈妈如果还是一遍遍地讲道理，他肯定会更封闭自己。我之所以能和小凯交流，就是在试着走进他的内心，去想他所想，去感受他曾经经历的无助、不安与愤怒。

◆ 不要强化和给孩子“贴标签”

还有什么做法可能让孩子在倔强任性的路上越走越远呢？那就是不断地提醒、不断地贴标签、不断地强化！

原本孩子在第一反抗期和第二反抗期有一些叛逆和任性是很正常的事情，但孩子一发小脾气和使小性子，家长或老师就开始给孩子贴标签，认为“这个孩子很任性”“这个孩子不听话”“这个孩子不知道感恩”，等等。

人前人后地讲，孩子多么任性、多么倔强，讲得多了，其实是在不断地给予孩子暗示，让孩子不断地认同自己是个任性的人。他的内倾情感中甚至发展出了这样一种信念，“我就是这样的，这就是我”。家长、老师的不断提醒反而强化了孩子的叛逆，孩子由偶尔的任性犯倔，变成了以任性倔强为自我认同的人。

小凯的身上有被不断强化出来的倔强任性吗？答案是肯定的！

小凯的妈妈告诉我，老师时常说：“这是一个倔强的孩子，不好管教。”略懂心理学的小姨也时常说：“小凯真是被惯坏了，这么倔强。”

小凯的妈妈听到这些后也是认同的，并没有制止她们，小凯身边的人都认为他是“一个倔强任性的孩子”。当我和他交流时，因为我并没有提前给他贴“倔强任性”的标签，所以他在我面前并没有表现出倔强任性，反而是温和而开放的。

千万留意不要在不经意间给自己的孩子贴上标签，再不断强化。当听到别人说自己的孩子倔强任性等话语的时候，也要及时叫停，减少这样的影响。

在孩子的养育环境中，孩子所谓的不好的表现常常被拿出来说了又说，孩子积极正向的表现被视为应该的，常常忽略不提，久而久之，自然是不好的表现被强化了，好的表现被弱化了。

有一部分儿童、青少年的倔强任性会表现得非常强烈，表现为明显的不服从、对抗、消极抵抗、易激惹或挑衅等等，令人厌烦，甚至强烈到可以被称为对立违抗性障碍。这些行为常在童年早期出现，青春期达到高峰，给家庭、学校、社会带来了一定的困扰。这些行为特征的形成就源于孩子两三岁时期的自我发展“固着”和青春期的“认同危机”，因而出现个体发展适应的困难甚至失败。

◆ 谨防家庭和学校中的隐性打压

从家庭与学校教育来看，这些对立违抗性的行为很有可能是被家长和老师强化的结果。家长和老师常常对孩子的对抗行为进行提醒、责备、训诫、惩罚，试图改变孩子的对抗行为，让他们顺从，但是这些过分关注的管教方式反而可能强化对立违抗行为。

例如，父母常常对倔强任性的孩子在做作业等问题上进行训练，在孩子努力的过程中，却常常用恐吓和惩罚来威胁孩子，又时常被孩子的执意不服激怒从而失控。然后他们又会对自己这种语言或行为上的失控产生懊悔，在发泄怒气后，又常常用一种不适当的方式对孩子的行为予以宽容，就更加强化了孩子倔强任性、不服从的行为特点。

父母在面对倔强任性的孩子时经常会抱怨孩子难应对。儿童会倾向于用隐蔽的方法和被动的方式表达他们对权力的挑战。比如，大人们常常在吃饭、睡觉或上厕所等事情上对孩子提出严格的要求，一旦孩子没有做到，便会遭到严厉的批评或惩罚。孩子迫于压力，常常会以进食或睡眠障碍、遗尿等方式进行反抗，但是他们的内心时常感到无助，自尊心受挫，越发难以适应现实生活。

上小学前的儿童在自我发展的需求得到适当满足后，对立违抗的行为表现会逐渐减少。

上了小学尤其是到了三四年级后，对立违抗的孩子则可能经常与老师或父母对着干，不服从管教，常常因为一点儿小事就发脾气，与大人争吵，时常为了逃避批评和惩罚，把因为自己的过错造成的不良后果或自己做的坏事归咎于旁人，甚至责备他人。

应对孩子的倔强任性

◆ 态度要温和而坚定

如果孩子的倔强任性是由于娇惯造成的，家长就需要狠下心来，保持温和而坚定的态度，在孩子哭闹时不迁就、不给予好处，等孩子停止哭闹了，再和孩子交流各自的想法以及大人的要求，逐渐让孩子意识到，哭闹不能解决问题，遇到事情或者有什么要求，都要用积极协商的办法去达成。这样不但可以纠正孩子的任性，而且可以培养孩子用积极方法处理问题的思维，保护孩子内倾情感（Fi）的发展。

◆ 尊重孩子，平等对待

如果孩子的倔强任性是由于打骂、忽视造成的，家长首先要检讨自己，要摒弃落后的教育观念和粗暴的教育方法；要尊重孩子，平等对待孩子，多和孩子沟通；要允许孩子犯错，允许孩子按自己的意愿做自己喜欢的事情。当孩子按自己的意愿试了行不通的时候，再给予指导，这时他才会心服口服。这样培养出的孩子不但不会任性，而且会养成自信、坚强、勇于创新、善于改正错误的好习惯。面对这些孩子，“动之以情”比“晓之以理”更重要。

◆ 有意地表扬孩子

如果孩子的倔强任性是因为提醒暗示造成的，家长应改正人前人后指责孩子缺点的不良习惯，要淡化孩子的倔强任性，有意表扬他的平和。当孩子偶尔犯倔的时候，要采取宽容的态度，允许孩子按自己的意愿做事、允许孩子发泄不满，事情过去之后再和孩子进行交流。这样，孩子的倔强任性就会一点点地消失，他会变得通达、随和起来。

家长是孩子成长的榜样。当家长遇到事情时，能够开放包容、倾听理解，就是给孩子最好的言传身教。当发现孩子日渐倔强而任性时，我们一定要及时检视与反省自己——我们是否也处于一种固执的状态，在向孩子施压?

大大咧咧的孩子该怎么教

说到大大咧咧，我们得先看一下大大咧咧有什么样的表现。词典中对大大咧咧的解释是，形容待人处事随随便便、满不在乎。当说到一个孩子大大咧咧时，我们可能常常联想到孩子做事情随随便便，不注意细节，比较粗心，丢三落四，“马大哈”。

如果男孩大大咧咧，大人们并不觉得奇怪，因为做事马虎随便的男孩很常见；而如果女孩大大咧咧，大人们就比较难接受，他们认为女孩天生就应该耐心认真、细腻敏感。但是在实际生活中，大大咧咧的女生也不少见。

认识大大咧咧的孩子

有一年春天，我遇到小丁一家。我先单独见了小丁爸爸，在爸爸的描述中，正上小学五年级的小丁是一个大大咧咧的女孩，做事马虎，不收拾房间，写作业经常粗枝大叶，着装上也跟普通女孩不一样。

在学校里，小丁对老师和同学说话经常不过脑子，让老师和同学心生反感。她甚至还和男同学打打闹闹，让男生家长看见了难以接受。老师把这些情况转告爸爸，希望爸爸能好好管教小丁。

看着小丁爸爸一副谨小慎微的样子，我真难想象小丁会是怎样大大咧咧的人。

见到小丁时，小丁剪着齐耳的短发，穿着T恤和短裤，显得精干、有力量，的确有股泼辣的劲。

为了更好地了解小丁的心理特征，我让小丁画了房树人（指一种心理测验）。小丁画得很细致，完全不像爸爸说的那样马虎粗心。

有一个细节让我格外关注，小丁画了两个一般高的小孩，一个女孩、一个男孩。我问她这两个小孩各有什么特点，小丁告诉我，男孩喜欢和同伴们一起玩，打球、玩耍、做游戏；女孩可以宅在家里看书、画画、做手工。小丁所说的男孩和女孩的特点其实是她自己身上一动一静的两部分。

平时的大大咧咧是男孩化的特点，女孩的特点却隐藏了起来，在她独处的时候才会有所表现。

她的个性特点是遗传还是环境因素导致的呢？我带着疑问继续约见小丁的父母。爸爸是谨小慎微的，妈妈也非常认真谨慎，遗传因素导致小丁大大咧咧的可能性似乎不大，反而是小丁不怎么表现出来的细致的一面有着遗传的可能。

那么小丁父母的养育方式有什么不寻常之处，才让小丁发展出这样的性格呢？

小丁的爸爸说，小丁的妈妈深受重男轻女思想的影响，自小丁一出生，就不断地抱怨小丁的爷爷奶奶重男轻女。

且不论小丁的爷爷奶奶是否有重男轻女的想法，妈妈自己也非常希望生一个儿子，因此小丁出生时她很失望，内心对于小丁存在着无意识的不接纳。

小丁的妈妈一直对小丁严格要求，在吃饭、睡觉、学习方面都进行严格的管理。如果小丁达不到妈妈的要求，妈妈就会非常严厉地责打她，爸爸对此无计可施。

了解了小丁的成长环境后，我理解了小丁大大咧咧的行为方式的根源。为了应对妈妈的严厉和爸爸的软弱，她从小到大逐渐磨炼出了这种让自己不那么难受的方式。

如果用细致敏感的那一面来应对这种环境，她会非常痛苦，那样的话，悲伤、压抑、抑郁就成了主基调。

爸爸和爷爷会背着妈妈给她支持，让她内心的能量不至于过分匮乏，这部分心理能量就演变成了大大咧咧的方式。

同时，大大咧咧的方式更像一个男孩子的特点，是她在无意识地补偿妈妈希望有个儿子的心理。小丁的男孩特征的发展明显强于她的女孩特征，所以她不喜欢穿裙子，也不在人前表现出柔弱的模样。

这是她真实自我的发展吗？似乎不是。她的真实自我躲藏在大大咧咧的防御之下，大大咧咧的方式像一层厚厚的皮肤保护着她内在的脆弱与不安。

与大大咧咧有关的心理类型

◆ 大大咧咧的内倾感觉情感知觉（ISFP）

从小丁在绘画和沙盘游戏过程中的表现来看，她是一个以内倾情感（Fi）为优势功能和以外倾感觉（Se）为辅助功能的内倾感觉情感知觉（ISFP）类型的女孩。即将进入青春期，她的内倾情感（Fi）功能让她和妈妈开始有了非常明显的对抗，这也是小丁爸爸带小丁来寻求心理咨询帮助的原因之一。

而小丁的外倾感觉（Se）功能让她在绘画、运动，包括沙盘游戏中，都有非常投入而自我感觉良好的表现，她也发展出了比较强的外倾直觉（Ne）功能。

她的大大咧咧和外倾直觉的功能特点密切相关，即不在意细节，一做机械重复的事情就马马虎虎、随意应对，但对一些事情和现象有着直觉的敏感性，心直口快地发表自己的看法。

而且，恰恰因为她发展出了外倾直觉的功能，才能在妈妈严厉的养育环境中“求生存”，既不至于过分压抑导致自我发展更困顿，也能及时发现环境中的各种危险，并灵活地应对。

◆ 发现大大咧咧背后的细腻

有一次，小丁给我看了一篇题为《我的妈妈》的作文，她在文中把妈妈写得生动又形象，既用幽默风趣的口吻写出了妈妈对她的严厉，也细腻地写出了她依然能感受到在妈妈严厉态度背后的爱。

一如她在房树人测验中画出的男孩和女孩，以及她在沙盘游戏中呈现的王子与公主，细腻的女性特征在她有力量的男孩特征的保护下逐渐发展起来。

后来有一天，她毫无征兆地穿着一条粉色的裙子出现在我面前，眼中有了一抹淡淡的羞涩。那个大大咧咧的女孩在蜕变，她在发现自己、接纳自己的女孩特征，也越来越清晰地知道自己要做些什么，以及要怎么做才能让自己成长得更好，而不只是无意识地和妈妈对抗。

她的内倾情感（Fi）功能有了更加稳定的发展。在此基础上，她的外倾思维（Te）功能也在逐渐发展，她在学习上有了更加明确的目标和计划，学习成绩有了稳步提升。

当我们遇见一个大大咧咧的女孩时，不要只是嫌弃和厌烦，不妨试着走进她的内心，她大大咧咧的保护层下面可能有着柔软的爱与情感的需求，在等待着有心人去发现、去回应。

小丁外倾直觉（Ne）功能的发展是她为适应外界环境所做的自我调整。和小丁不同，有些女孩天生就具有很强的外倾直觉（Ne）功能，从小就活泼外向，遇到内倾的照顾者，尤其是以内倾感觉（Si）为优势功能的照顾者时，常常会被照顾者打压，照顾者会说一些类似“女孩没有女孩样”“女孩不可以这么粗鲁”“女孩得做女孩该做的事”的话。

这些女孩的外倾直觉（Ne）功能被约束起来，逐渐发展出照顾者所期望的内倾感觉（Si）功能，但是她们与生俱来的优势就会逐渐减弱，而没有得到有效的运用和发挥，这真是一件令人惋惜的事情。

大大咧咧的孩子怎么教

◆ 给孩子探索的空间

养育大大咧咧的孩子时，一方面我们需要给予他们充分探索的空间，满足他们的好奇心，让他们运用自己的能量，从广泛探索逐渐地聚焦到最感兴趣、最能体现自我价值的事情上；另一方面，在从外倾的对外探索向内倾的自我认同发展的过程中，也要平衡与外在他人的关系，适度发展外倾情感（Fe）功能，学会换位思考，适当为别人着想。

小荣是我在心理咨询中遇见的一个女孩，初见她时她还是个大大咧咧的8岁女孩，之后，她的生活发生了很大的变故，父母离婚一下子改变了她的生活。在自我比较稳定的时候，她依然能充满好奇地探索，心直口快地发表言论，伤感时也会有很深刻的情感体验，外倾直觉（Ne）和内倾情感（Fi）功能都很突出。

可能是父母离婚的缘故，虽然妈妈事事以她为中心，但似乎还不足以稳定她的内倾情感（Fi）需求。

在和同伴的关系中，她也无意识地希望他们能以她为中心，顾及她的感受，但是和她同龄的同伴并没有包容她。她的这些需求原本需要在家庭这个容器中去完成。

在同伴们不能满足她时，她感受到了强烈的挫败感，爆发出了强烈的情绪，不能理解同伴为什么要这么无情地对待她，因此和同伴的关系越来越糟。

孩童时的大大咧咧逐渐演变成了愤怒、不满、悲伤与低落，这样的变化如果不是我亲眼看见，真是不敢轻易相信。

遇到类似的情况，一些青少年的家长时常会发出感慨：原本那个大大咧咧的孩子去哪儿了？

一个人的性格不可能绝对外倾，也不可能绝对内倾，即便孩子也一样。无论男孩女孩，无论表现得如何大大咧咧，都会有内倾的一面。因为他更明显地表现出的是大大咧咧外倾的一面，所以他内倾的一面常常没有被人意识到，甚至连他自己也不能觉察。

家长常常等到孩子在青春期出现了情绪问题时，才猛然发现曾经大大咧咧的孩子变得忧郁起来，觉得无法理解，不知道发生了什么。

◆ 看见和接纳孩子的内心

面对大大咧咧的孩子，家长一定要深入关心和看见孩子的内心，并学着接纳孩子的内心，认同孩子、支持孩子。

一个已经被诊断为抑郁症的高一女孩，初见我时依然用一种轻松的方式和我说话，并且告诉我，她从小到大都是身边人的开心果，性格大大咧咧的，让爸爸妈妈开心，让老师同学开心，让哥哥们开心。总之，用幽默风趣、不计较、轻松随意的方式让身边的人开心是她一贯的风格。

她不知道从什么时候开始已经没办法让自己开心起来了。当我问她是什么原因让她不开心直到表现出抑郁时，她更是一脸茫然。和她妈妈交谈，妈妈也是一脸茫然，不清楚女儿怎么会这样。

了解了这个女孩的成长环境和经历后，我们知道了，她妈妈自她出生后就身体不佳，难有笑容。女孩的大大咧咧给妈妈阴郁的生活带来了一些轻松和愉悦，但有时也给妈妈的情绪宣泄制造了机会，妈妈会时不时拿她撒气。女孩内心的感受却无人体会，她自己也不了解自己的感受。

她这种大大咧咧的方式也复制到了和其他人的关系中，大家只注意到她表现在外的幽默、开心、搞笑，没有人会主动了解她的内在需求。

在她从小成长的环境中，妈妈永远情绪不佳。女孩自我的需求只能被无意识地压抑，内倾情感（Fi）功能处于未分化的状态，爱的匮乏与缺失也在不知不觉中演变为无自我价值感的抑郁。她会觉得自己是一个不值得被爱的人，也不知如何去获得爱，只能依然用熟悉的模式去表达无所谓、搞笑和嘻嘻哈哈的态度。

当问她为何抑郁时，她真的无从回答。如果一再追问，除了增强她的病耻感外，也可能反而触及她内心的缺失、匮乏、郁闷、悲伤，这是多么痛苦的感受！她如何能应对与招架呢？妈妈片面地看到了女儿的大大咧咧，忽视了女儿敏感而不稳定的内倾情感（Fi），在女儿出现抑郁症状之后，妈妈无力承受，因此焦虑万分。

女孩外在的大大咧咧的性格与内心的抑郁之间需要一座桥梁来联结，这座桥梁就是去看见这个女孩真实的存在，去发现她内在的潜能，帮助她发展自我认同，确定“我是谁”“我能做什么”“我要做什么”“我要成为一个什么样的人”……

这个女孩已经16岁了，大大咧咧的模式延续了相当长的时间，要去搭建这座桥梁需要足够长的时间。可惜的是，焦虑而无力的妈妈对女儿没有信心，对我也没有信心，我和这个女孩的咨询工作只进行了两次，就被中断了。

◆ 不要忽视孩子

面对大大咧咧的孩子时，一定不要只看见孩子的这一面，也不要只强化这一面而忽视孩子的内心需求。无论孩子是天生就大大咧咧，还是由于要应对不够好的养育环境而表现出大大咧咧，我们都需要主动留意孩子无法言说的内心世界，去帮助他们表达内心的情感，适度满足他们的内在需求。这样，孩子外在的大大咧咧和内心敏感细腻的部分才能获得平衡，从而健康地成长。

完美主义的孩子该怎么教

“完美主义”是我们在日常生活中经常使用的一个词，人们通常把那些事事都力求取得最佳结果的人称为完美主义者。“完美主义”不是成年人所特有的表现，在儿童和青少年身上我们也可以看到完美主义的表现。

了解完美主义

◆ 消极的完美主义

小春是一个有着完美主义表现的男孩。我第一次见到他时，他9岁，刚上小学四年级，每天写作业都要花费很长的时间，从下午放学5点左右到家开始，一直要做到深夜十一二点。

他对自己写的字总是不满意，用铅笔写的时候就不断地用橡皮擦掉重写，用钢笔写字后，不方便擦了，就用透明胶粘上后轻轻地撕去一层再写。因为不断地粘和撕，花了很长时间不说，作业写完后，看上去非常不整洁，他又会十分懊恼。

每天晚上写作业，小春都在不断地说着："我今天要把字写得非常漂亮。"然后非常紧张地写，但总觉得写得不好，又不断擦除重写，最后完成时还会不断地自我批评。

他的完美主义从刚上小学就有所表现，到我见到他时，他已经有3年左右的时间深受完美主义的影响了。

这个9岁的男孩每天都活在自我批评中，考试时也因为写字慢而做不完试卷，让焦虑情绪弥漫。在这么长时间的焦虑紧张以及不断的自我批评的影响下，他逐渐出现了一定程度的抑郁。有一天，他站在15楼的窗前，对着妈妈喊："还不如死了算了，跳下去，一了百了。"这让妈妈非常震惊。

小春的这种完美主义是消极的完美主义。

消极完美主义是指在追求高标准的过程中不顾后果，并且仅凭成绩和目标的完成情况来评判自我价值。

消极完美主义有三个主要特征：目标过高与自我批评、不计后果地追求过高的目标、以目标的完成情况进行自我评价。

与积极完美主义最大的区别是，消极完美主义仅凭成绩与目标的完成情况来进行自我评价，一旦未达到自己预期的标准，就会进行自我批评。这时，完美主义就变成了一种心理负担。

消极完美主义给小春带来的影响包括：不断地追求给自己设立的高标准，表现在他认为必须把字写得整整齐齐、漂漂亮亮的；在追求高标准的时候带来的消极后果表现为小春在写作业时的紧张不安，花费太多的时间，在考试时不能按时完成试卷；在没有达到预期的标准时会不断地自我批评，表现为小春总觉得自己的字写得非常糟糕，从而陷入强烈的自责中。

消极完美主义导致的最突出的问题是其自我价值与自尊完全取决于是否实现了较高的目标。小春因为字没有写得整齐漂亮，就认为自己是失败的，他是将自己的价值和自尊与字写得好不好联系在了一起。

当然，完美主义给人带来的影响也并不都是消极的，它也会给人带来积极的影响。

◆ 积极的完美主义

积极的完美主义是指在设定较高的目标并为之努力的过程中，能够以积极的态度完成任务，实现目标后自己会获得一种成就感和满足感，而不是消极情绪。

在这种情况下，追求较高的目标会成为自我发展的动力。如果实现了目标，会有强烈的成就感；即使没有实现，也不会认为自己就是失败的，通常会用合理的方式进行纠正，或是积极地调整目标，在不算完美的表现中依然能找到自身的价值，获得满足感。

小莉是一个典型的表现出积极完美主义的女孩。为了让自己的成绩保持在中上水平，她曾经投入120分的精力学习物理，但是成绩只能勉强达到七八十分。在妈妈的支持下，她从理科班转去了文科班，在高考时取得了优异的成绩。

在学习物理的时候，她非常努力，期望自己成绩优秀，但是当达不到预期目标时，她认为自己已经尽力了，并没有觉得自己是失败的，转去文科班后更能发挥自己的优势，自我价值感得到了确认与提升，她的积极完美主义一直延续到日后的学习和工作中。

◆ 完美主义可能是生活环境造成的

从成因上来说，完美主义常常是遗传和环境相互影响的结果，具有完美主义特点的人常常生活在具有完美主义特点的养育环境中，父母对于孩子会有较高要求。

大多数家长对孩子的成绩非常看重，要求孩子力争第一。久而久之，会导致孩子注重成绩排名这一结果，从而忽视学习本身的意义，不能恰当地定位自己的目标与发展方向，逐渐发展成消极完美主义者。

我在咨询工作中也曾经遇见一些孩子和成人因为生活在不安的感觉中而表现出完美主义的倾向，如母亲有严重的抑郁症、父亲酗酒或中途转换学校等，这些情况导致他们缺乏安全感，需要一定的控制感来稳定自己，从而表现出完美主义的倾向。完美主义倾向能让他们有一定的控制感，从而屏蔽内在的不安。

完美主义与心理类型特点

完美主义的本质就是把自己囚禁在各种条条框框中，“应该”和“不应该”这两种观念影响着完美主义者生活的方方面面。

◆ 完美主义与内倾感觉（Si）互相影响

从心理类型的角度来看，无论是由于遗传因素还是后天养育环境所导致的，具有完美主义倾向的孩子都发展出了比较强的内倾感觉（Si）功能。内倾感觉（Si）功能让人把外在的标准、要求或规则内化为内在的行为准则，他们常常认为自己应该怎样或必须怎样做，久而久之，形成了很多约束自己的条条框框。

发展出内倾感觉（Si）功能的孩子小小年纪就能很好地遵守纪律，常常用“应该如此”“必须如此”来要求和约束自己和别人。

小春的妈妈是家中的小女儿，小春的外公在工作上技术过硬，对三个女儿要求也非常严格，如果达不到他的要求，打骂是常有的事。

小春的妈妈16岁就离开家去上学，学的是医护专业，出不得差错，她对自己的要求自然就更高，表现出了完美主义的特点，并且是消极完美主义，常常自我批评。

小春出生后，妈妈对小春的要求非常严格。小春的爸爸则性格温和，在这些问题上无法和小春妈妈抗衡。

小春在严厉的养育环境中逐渐发展出了内倾感觉（Si）的功能，做事小心翼翼，唯恐犯错，生怕没有达到妈妈的标准，会被妈妈一顿呵斥。时间久了，小春自然也表现出了消极完美主义的倾向，觉得自己总也达不到要求。

小莉的妈妈则具有积极完美主义的特点。小莉记得在三年级时，她写好了一篇作文给妈妈看，妈妈对作文中细腻的描写给予了肯定与赞赏，接下来她又细致地启发小莉哪些地方还可以修改。小莉很高兴地进行了修改，这篇作文写得非常好，在班上得到了老师的表扬。

这样的教育模式让小莉不断发展出积极的完美主义，她会尽可能地想要把事情做完美。但是到了高中阶段，物理学习让她有了一定的压力，她开始有了自我否定的一些苗头，一不留神，积极完美主义有向消极完美主义转变的倾向。

幸运的是，妈妈及时发现了这一状况，决定让小莉从理科班转到文科班。小莉现在依然具有积极完美主义的特点，这让她在工作中表现非常突出。同时，她也发展出了很多爱好，例如，烹饪、旅游等，工作之余可以给自己留一些简单而随性的时光。

这两位母亲都有完美主义的特点，差别就在于一位是消极完美主义者，一位是积极完美主义者，因此对待孩子的方式就有了巨大的差别。

◆ 积极完美主义和消极完美主义的特点

积极完美主义温和而客观。小莉的母亲是一位大学教授，为人热情、大方，考虑事情周到，执行力强，学生们很爱她，朋友们愿意跟随她。她对待自己的孩子和学生的方式都是温和而坚定的。孩子们犯错，她决不会纵容，但是说话的态度是温和的，并且点到为止。顾及孩子们的面子，她会依据错误的严重程度决定讲话的分量，就事论事，不否定人，孩子们也很愿意接受。

消极完美主义喜欢责问和批判。具有消极完美主义特点的父母常常不顾及孩子的面子，不分场合，不顾错误的大小，批评成了一种发泄，把自己内在的怨恨一股脑儿“倾泻”到孩子身上，完全突破了孩子心理安全的底线，让孩子成了无助的、伤痕累累的“受害者”。

很多消极完美主义者都告诉过我，他们父母的说话方式基本都是批评式的，常常说：“你这样有什么好的，你看看别人……”

这些父母总是看见孩子的不足，如果孩子得了99分，就会责问还有1分是怎么丢的；孩子已经在班级排名前十了，他们还会责问和班级第一的差距在哪里；成年后的孩子工作顺利，会被责问怎么不像别人找个有钱的对象；婚姻家庭已经比较美满的，又会被责问工作表现为何差强人意。

总之，在消极完美主义的父母眼里，孩子永远都有缺憾和不足，孩子实际上是他们宣泄情绪的工具。

消极完美主义者对待自己是非常严厉的，也不能宽容待人，但是又从小养成了很强的道德要求，对自己的严以待人也会内疚与自责。总之，不管怎么做，总是有不足，不是自己有不足，就是他人有不足，或是自己和他人都有不足。

因此，学者们将消极完美主义分成三种：要求自我型，他们竭尽全力达到自己设定的高标准；要求他人型，常常以高标准要求他人；被人要求型，深信别人对自己寄予厚望。

具有完美主义特点的孩子怎么教

◆ 消极完美主义导致焦虑

当一个人生活在消极完美主义的状态下，为自己设定过高的目标后又发现这些目标可能无法顺利完成时，往往会焦虑、紧张。时间久了，消极完美主义就和社交焦虑、拖延症、强迫症、强迫型人格障碍、抑郁症等心理问题产生一定的关联。

小飞来见我时已经有非常明显的焦虑、强迫与抑郁的表现，并且身体发育也受到了影响。每当做作业的时候，他就会紧张。如果这时妈妈再催促，他就会更烦躁。心浮气躁时，字肯定会写得不好，而他自我要求又很高，自然要擦了重写，强迫的表现也非常突出。

一方面他想要快点儿写完作业，一方面又怕自己写得不好。因此，每天写作业时都痛苦不堪，想要逃离，于是又表现出拖延、磨蹭，学习状态不理想。

在学校里他面对的是严苛的老师，自然又少不了被批评。批评与自我责难、对同学态度的敏感是他每天的常态，在这样的环境下，不抑郁都难，当他愤怒地大喊“跳下去，一了百了”时，想必已经绝望了。

我和小飞的心理咨询工作进行了3年。在刚开始的沙盘游戏中，对立、冲突、死亡的主题是主基调，但仔细去看、去感受，小孩子的俏皮灵动也隐藏在其中。我一方面不断去理解和承接他的焦虑和绝望，另一方面也不断地把他的灵动调动出来，同时还把他逃离的父亲拉回家庭生活。逐渐地，小飞的幽默风趣显现了出来，抑郁的状况减轻了，强迫的表现也减弱了。

在情绪改善后，我开始更多地帮助小飞获得自我认同，帮助他发现自己的优势，认识到自己的劣势，也引导他的父母接纳真实的孩子。让父母认识到，这个孩子的学习成绩可能一般，但他也可以简单快乐地生活。

工作两年后，小飞五年级时已经能积极、灵活地应对妈妈的严厉，妈妈也逐渐放下了自己的高期待。小飞在小学六年级时结束了咨询，我在他高中时对他爸爸做了随访，爸爸说小飞在青春期过得很平稳，成绩中等，一家人的生活祥和而安宁。

无论是什么原因造成的完美主义，适度追求完美的态度具有一定的益处，会让人具备自控力强、一丝不苟、认真负责、做事有条理的优点。但是完美主义倾向一旦太过强烈就会产生消极的后果，让人容易疲劳、自我怀疑、拖延、注意力不集中、自卑、抑郁和焦虑，等等。

我曾经询问一位消极完美主义者："你的生活中有简单的快乐吗？"他沉思良久，给我的回答是："没有。"这样的回答不让我意外，也更进一步印证了他生活的沉重。

◆ "消极"和"积极"对策大不同

当孩子表现出完美主义倾向时，我们要去区分是积极完美主义还是消极完美主义。

积极完美主义会使得孩子朝着他们的目标不断进取，获得成就感和自我价值感，但一定要留意所制订的目标是否合理可行，避免积极完美主义转变成消极完美主义。

如果孩子已经表现出一定程度的消极完美主义，那就要试着打破不计后果地追求目标—吹毛求疵—自责懊恼的恶性循环。一方面，可以帮助孩子认清自己的能力、优势和劣势、阶段水平等自身的特点，制订合理的目标；另一方面，在完成既定目标时要给予欣赏，但不要仅以目标达成的结果来论成败，要让孩子知道经历本身也是人生的一种财富。

◆ 松开消极完美主义的“紧箍咒”

要克服完美主义，就不要事事力求完美，简单的心态会带给人更多的快乐与自由。从心理类型的角度来看，可以试着发展外倾直觉（Ne）、外倾感觉（Se）的功能来让孩子随性一些、简单一些，松开力求完美的“紧箍咒”。

多一些勇敢的尝试，多一些对新事物的好奇与探索，多一些天马行空的想象，多一些对未来的畅想，就会加强外倾直觉（Ne）功能；多关注外在世界的丰富与美好，做一些简单的手工，在吃喝玩乐方面培养一些简单的爱好，就能加强外倾感觉（Se）功能。

在孩子的成长过程中，我们需要保护好孩子的童真，让他们在艰难的现实生活中，保有一些纯真的畅想、一份对生活的热爱，而不至于被消极完美主义的严苛压垮。

胆小敏感的孩子该怎么教

孩子胆小敏感的原因并不一致，与每个孩子的个性特点和不同心理类型有密切的关系。

胆小敏感与高敏感特征

有一位妈妈给我看了老师给她上小学一年级的女儿小英的评语，虽然评语中有表扬，但重点是希望孩子改变敏感爱哭的特点，成为一个笑口常开的人。通过评语可以明显地感觉到老师对这个敏感爱哭的女孩的不接纳。

这位妈妈说，有一次孩子在参加班级表演的排练时，被老师当众批评了。孩子因为紧张越发表现得不够理想，最后因害怕而委屈地哭了，老师因此就不再让孩子参加任何表演了。妈妈觉得自家孩子是挺敏感的，但也觉得因为害怕而哭是件很正常的事情，难以理解老师为何表现出这么明显的不接纳，因此为孩子接下来的学习生活感到深深的担忧。

在生活中，敏感的人并不少见，有学者认为，在人群中有15%~20%的人具有高敏感的特征。通常来说，高敏感意味着视觉、听觉、嗅觉、味觉、触觉五大感官极为敏锐。一方面，高敏感人士可以获得较多的正面感官刺激，容易被芬芳的气味、美丽的景色、温柔的爱抚或是悠扬的音乐触动，感到心情愉悦；另一方面，他们也容易受到声音、气味、光线、冷热的影响。

这些高敏感的特征会成为高敏感人士的优势，例如，听觉的敏感让人在学习语言时表现出一定的优势。高敏感人士的敏感源也存在一定的差异，有的人对光线敏感，能细微地捕捉光线的变化；有的人对声音敏感，噪声会让他不舒服而无法专注，需要在安静独处的环境中学习或工作；有的人嗅觉非常敏感，气味常常对他造成干扰。

高敏感特征与心理类型特点

◆ 高敏感孩子具有“高反应性”

学者们发现，高敏感的特征常常让人具有“高反应性”，表现出斯文安静、沉默寡言、心事重重、容易落泪的特点，这也就是我们常说的胆小敏感的孩子的特点。他们容易受到惊吓，因而总是三思而后行。

说到这些特征的时候，大家可能会发现，高敏感的特征与内倾的心理类型有很多相似之处。的确，很多高敏感的人同时又是偏好内倾的人，所以内向、胆小而敏感这几个词常常关联在一起。

从心理类型的角度看，高敏感的人常常天生具有或是后天发展出强而不稳定的内倾情感（Fi）功能；但是也有一些高敏感的人在社交方面表现得比较外倾，在人群中如鱼得水，有许多朋友，从心理类型的角度来看，他们常常以外倾感觉（Se）或外倾直觉（Ne）为优势功能，以内倾情感（Fi）为辅助功能。

也有一些高敏感的人对他人的需求非常敏感，会迎合、取悦别人，表现出较强的外倾情感（Fe）功能，指向自己的常常是比较负面而且不稳定的内倾情感（Fi）功能，或是自责内疚，或是低自我价值感，且常常将这种低自我价值感投射给他人，敏感地捕捉他人对自己不好的表现。

◆ 先天或后天都可能导致高敏感

高敏感的特征常常是先天遗传而来，父母的高敏感特征可能遗传给孩子。

高敏感的特征也会因为受到身心创伤而被诱发或加强。一个天生不敏感的人如果遭遇了巨大的精神创伤，例如，天灾人祸或是童年缺少关爱，也有可能变得胆小敏感起来，从而发展出对外部环境的适应能力。

如果发现自己的孩子有胆小敏感的表现，不妨先试着分析孩子的胆小敏感是天生遗传还是后天养育环境导致的。

如果孩子的胆小敏感遗传自父母，父母在理解孩子时应该不会有太多的困难，在孩子身上会看到自己的影子；但是如果父母自身也是胆小敏感的，在孩子遭遇困难时，如何帮助孩子化解危机就不是一件容易的事情。

如果孩子的胆小敏感由后天养育环境所致，父母没有那么敏感，在理解孩子的表现时就会有难度，需要去反省是哪些方式对孩子造成了压力，造成了负面的影响。

小英的胆小敏感更多是后天养育环境所致。她妈妈自小在适应环境过程中发展出了外倾思维（Te）的功能，自己在学习与工作中都有比较好的发展，因而常常觉得孩子和自己小时候的表现不同。

孩子的班主任是一个目标导向、一心追求成绩的老师。在这样的环境中，孩子的真实自我不能得到充分的无条件的接纳，她一直尝试朝着大人期待的样子去努力。当付出努力且经过一遍遍练习还是达不到大人的期望时，不安地哭泣成了她唯一的表达。

高敏感的孩子要怎么教

◆ 镜映胆小敏感的孩子，帮助孩子表达

一个不到7岁的小女孩竭尽全力地想要达到老师的要求，但在那一刻她真的做不到，她不知道如何把这种复杂的感受表达出来，只能选择哭，希望自己能被看见。

我们该怎么做，来帮助这个孩子度过危机，避免这个事件成为孩子的心理阴影？我们该怎么做，来帮助胆小敏感的孩子适应外部世界的要求？

我们先来看看这个孩子的老师是怎么做的。

因为孩子的表现没有达到老师的要求，无法实现老师自己想要表现得

优秀的愿望，老师非常不满，在孩子没哭之前已经给予了严厉的批评。在孩子哭了之后，老师便将目光更多地投向那些表现优秀的孩子。除了这个孩子孤独地在台下哭泣，其他同学都在台上表演。

事后老师略微安慰了一下孩子，对于孩子的哭泣和伤心，老师不但没有给予真正关切的回应，反而在心里给她贴上了“胆小敏感”的标签。当孩子的妈妈和老师进行交流时，老师的回复大意是，“你看你的孩子因为胆小敏感而失去了一次上台演出的机会，你还如此纵容她，不引导她改正缺点”，说起来完全是批判的口吻。

孩子的妈妈是怎么做的呢？

当她得知孩子不能上台演出的时候，她不断地对我说当天的外部环境如何，试图从外部找原因，然后又不断地说孩子怎么不像自己，她都已经练习那么多次了，应该可以表演得很好了，怎么就哭起来了呢？妈妈的话让我感受到，孩子的胆小敏感和哭泣挫败了妈妈的自恋感，妈妈用自己惯用的方式来寻找原因，对孩子讲道理，根本没有体会孩子复杂的心理感受。

面对胆小敏感的孩子，我们该怎么教？

因为孩子对外在刺激敏感，我们就不让孩子去面对刺激了吗？在这样一个需要不断适应外部环境的社会里，肯定是不行的；但我们勉强孩子去面对各种刺激，也行不通。

那就得慢慢来，去发现孩子对什么刺激比较敏感，对什么刺激不太敏感，避免让孩子一下子就面对太多、太强的刺激。

在孩子因敏感、焦虑而做不好时，不要批评、呵斥孩子，要给予适当的容纳与鼓励，去发现孩子每一个微小的进步；当孩子突破自我有所发展时，要帮助孩子感受到这种突破自己背后的勇气与潜能，而不单单是成绩导向、目标导向。

胆小敏感的孩子的内心常常有许多复杂的感受。比如小英，她为了能上台参加表演，一遍又一遍地练习，这里传递出多么强烈的参加表演的渴望。当她因为紧张上不了台时，如果妈妈仅仅为了宽慰她，就对她说："上不了台没什么大不了的，上台也没什么了不起的。"妈妈就忽略了孩子内心的真正渴望。

如果妈妈对孩子不能上台参加表演而表现出挫败感，并对着孩子抱怨："别的孩子能做到，你为什么做不到？"或是："我小时候做什么都能做好，你怎么这么窝囊，准备了那么久，还不能做到？"孩子听了这些话，肯定会很自责，觉得自己很无能。妈妈可能还会再加上一句："为了帮你准备这些，妈妈搭进去那么多休息时间，结果毫无成果。"孩子听了会更加内疚不安。

在这次活动中，孩子非但不能感受到自己的能力、勇气与坚持，反而会因此自卑、自责、情绪低落。再遇到这样的活动，她会越发紧张，越发担心自己做不好，内向、胆小、敏感就会逐渐和自卑、内疚关联在一起。

◆ 与孩子共情

家长在面对胆小敏感的孩子时，需要尝试去共情孩子。当孩子紧张哭泣时，心里是非常委屈的，这时如果家长蹲下来平视孩子，对孩子说："小英，你真的很想好好表演，对吗？但是你又很紧张，好好表演对现在的你来说很难，对吗？”当孩子当下的复杂情绪感受被理解、被接纳后，她就有可能停止哭泣。

如果孩子停止了哭泣，家长可以继续顺势询问和引导孩子：“你一定还想继续上台表演，那现在我们可以做些什么让你不那么紧张呢？我们试着深吸几口气，或是洗洗脸，或是我陪你坐一会儿……”通过这样的话让孩子平静下来，在孩子重新做好准备时，可以给孩子一个拥抱，温暖有力地握一下孩子的手或者击一下掌，借助身体接触给孩子传递支持。

小英的老师认为孩子光靠哭是解决不了问题的，要学会向老师表达自己的需求。这个说法并没有错，对于善于表达的外向孩子来说，这一点不难做到，但对于内向且胆小敏感的孩子来说，要顺畅地表达会有一定的难度，作为家长要试着去镜映孩子内心复杂的感受。

当孩子有这种需求的时候，他们常常会在沙盘游戏中摆放出桥梁，甚至把所有的桥都用上，非常直观地表达出他们需要被联结，需要被看见。家长可以试着成为孩子内心的镜子，把孩子内心难以表达的复杂感受用肯定的陈述句说出来。

这个时候不适合用疑问句，“你有什么感受？你是怎么想的？你说啊”！在这种疑问句的逼问下，孩子只会越发退缩，无从回答。

家长要试着成为孩子和外界之间联结的桥梁，在充分共情和镜映孩子感受的基础上，引导孩子换位思考，帮助孩子逐渐融入外部世界。

◆ 帮助胆小敏感的孩子寻找意义感

我们可以帮助胆小敏感的孩子培养一些有趣但不会对他们造成紧张刺激的兴趣爱好，例如，烘焙、编织、绘画、跟随音乐舞动、种植、瑜伽等，或者参加一些简单的活动，例如，打扫卫生、泡脚、泡澡等。

孩子在这些简单有趣的活动中可以充分地和自己在一起，而不是疲于奔命地适应外部的快节奏环境。

如果家里有人倾听，自然是一件不错的事情，这些胆小敏感的孩子在外界常常不太爱说话，但是在安全熟悉的环境中，可能会是一个“话痨”，想把自己的内在感受一股脑儿地说给信任的人听。如果到了陌生的环境，没有合适的人可以倾诉时，写日记也是一个不错的办法。

女孩小林在高中住校的时候，给自己精心准备了一个带锁的日记本，用写日记的方法表达自己的感受，宣泄自己的情绪，曾经容易蓄积的压力就用这种方式得到了很好的疏通。虽然她依然内向敏感，但是已经慢慢变得阳光自信了起来。

◆ 提前为职业规划做准备

胆小敏感的孩子总是思前想后，对未来、对前景容易悲观，做事时喜欢提前做好各种打算，只有这样他们的内心才会比较踏实。

从长远的发展来看，家长需要花费一定的时间，引导内向敏感的孩子选择适合自己的职业发展方向。虽然这个社会看起来似乎更有利于偏好外倾的人发展，但是内向敏感的人依然能找到适合自己发展的道路。

家长可以在合适的时候引导孩子寻找自己的意义感，有些敏感的人会选择需要独自完成的工作，有些敏感的人选择做具有创意的工作，也有些敏感的人选择做简单快乐的工作。

做让自己感到有意义的事情，从中获得快乐，感到满足，可以让内向敏感的人汲取能量。

内向敏感的人可能需要尝试许多不同的职业，最后才能找到最适合自己的工作，所以通常要花费比较长的时间；也有些敏感的人因为压力过大、任务过重或氛围不好而选择离职，因为他们不擅长忽略那些让自己不舒服的东西，有时被逼无奈，只好选择离职。

◆ 多与外向的孩子交朋友

胆小敏感的孩子在交友方面也需要家长留意，因为他们常常话语较少，喜欢观察别人，所以有时会让外向的孩子觉得不合群，甚至会被孤立。

有些胆小敏感的孩子会取悦别人以避免冲突，所以也可能被一些霸道的孩子欺负。家长可以试着引导胆小敏感的孩子多和外向包容的孩子交往，随着时间的推移，内向敏感的孩子也会模仿这些外向而友好的朋友，试着像他们那样对外交流。因为内向敏感的孩子善于倾听，所以一些外向的孩子也乐于和他们交朋友。但是切忌让孩子刻意模仿别人而忽略了自己的优势和特点，给自己造成压力。

人与人之间的区别会形成世界的丰富多彩，如果每个孩子都是一模一样的，这个世界就会变得单调乏味。

胆小敏感的孩子并不需要刻意地展示自己的能量，也不需要去做自己不擅长的事。爸爸妈妈可以试着镜映和共情胆小敏感的孩子，帮助他们坚持自我，寻找自身的意义，获得自我认同，确立自己的信念，发展出稳定平和的内倾情感（Fi）功能。这样，胆小敏感的孩子也能拥有自信而快乐的生活。

第5章

用好心理类型工具，避免亲子冲突

“行动派”爸妈VS“小蜗牛”

小蜗牛在自然界中是行动缓慢的典型代表，除了小蜗牛，小乌龟也是行动缓慢的代表。大家耳熟能详的龟兔赛跑的故事告诉我们，虽然乌龟行动缓慢，但是如果看准目标、踏实努力、坚持不懈、努力前进，最终一定能抵达胜利的终点。

在教养像小蜗牛、小乌龟一样行动缓慢的孩子时，家长们会深深地担忧孩子差强人意的表现，担心他们不能很好地适应社会的发展要求。

“行动派”爸妈如何教养“小蜗牛”

◆ 理解与接纳“小蜗牛”

理解“小蜗牛”。如果觉得孩子行动比较慢，不妨观察、分析一下孩子是否属于偏好内倾的内向孩子，这类孩子处理信息时有一个偏向内倾的慢加工过程，即只有自己想通了、考虑充分了才行动。如果过分催促，就会打乱他们的节奏，让他们无所适从。

面对步调缓慢的孩子，家长可以再读一读前面第4章中“内向的孩子该怎么教”一节的内容。

还有一些孩子之所以行动缓慢，是因为对外部环境充满了好奇，尚未明确自己在当下要做什么，他们会弄弄这个、弄弄那个，就是不能一鼓作气地完成该完成的作业或任务。

家长常常会很气恼，明明半个小时、一个小时就能做完的作业，孩子需要磨蹭三四个甚至四五个小时才能勉强完成。

一些更小的孩子，在大人着急上班，赶时间送他们去幼儿园时，并不能理解家长的着急。他们还沉浸在自己的世界里，妈妈让他刷牙，他可以玩好半天牙膏，再弄弄牙刷，刷刷这、刷刷那，就是不赶紧好好刷牙……在大人眼里，这样的孩子也是行动缓慢的，他们在做自己感兴趣的事情时可能并不慢，但按大人的要求去做事情时就显得比较慢，需要大人不停地催促。

面对行动缓慢的孩子时，一味催促可能会引发孩子的对抗。从孩子的角度来看，如果家长没有看见孩子的需求，孩子为了维护自己的想法就有可能更拖延、更磨蹭。

如果孩子并没有发自内心地认同家长或老师的要求，而是迫不得已地去做家长或老师让他做的事情，那是多么没有趣味的状态！如果家长因为孩子拖拉磨蹭而责骂他，则更会激发孩子的敌对和反抗情绪，甚至更执拗地不去做家长或老师认为该做的事。

家长可能认为，孩子怎么这么不懂事、不自觉、不省心，让他做什么他偏不做，或者即使做了也达不到大人的要求，气馁、懊恼甚至怨恨的情绪就有可能日复一日地加重，甚至可能对孩子说出“我真是后悔生了你”这样的气话和伤感情的话。

当无可奈何地领着孩子来寻求心理辅导时，有的家长会因为自己养育了一个不够优秀的孩子而感到羞愧，有的会希望心理咨询师能够快速改变孩子的现状，让孩子尽快满足家长或老师的期待。

他们把焦虑传递给了咨询师，有的咨询师会被卷入这样的焦虑中，希望自己能尽快做些什么去改变孩子，拯救这个家庭。但越是有这样的“拯救者”情结，就越会在心理辅导工作中无法真正地看见、理解和接纳真实的孩子。

爱和包容“小蜗牛”。没有什么灵丹妙药能让孩子快速地达到家长和学校的要求，心理工作者也没有那么高明，通过三言两语或是几次行为训练就能改变孩子。孩子的问题，需要家长用爱和包容、用合适的教育方式去引导。

孩子需要被看见、被认同，只有这样才能发展出自我认同，确定“我是谁”“我能做什么”“我要做什么”，等等。按照心理学家埃里克森的说法，这叫作“自我同一性”的发展。按照荣格的说法，人的一生都在“自性化”[①]发展的旅程中，如何与自己相处，如何发展自己，如何成为自己，是毕生的课题。

社会化的发展需求在催促着孩子成长，希望孩子成长得快一些，更快一些，这样才不至于落后和拖后腿，但是，每个孩子的自我意识发展都有自己的步调。自我意识发展快的孩子会显得比较早熟，会比较快地将外在

---

① 自性化是荣格分析心理学中的特别术语，也是其核心性的概念。荣格要表达的是这样一个过程：一个人最终成为他自己，成为一种整合或完整的，但又不同于他人的发展过程。

的要求与规则内化成自己的准则。

内倾感觉（Si）功能比较强的孩子规则意识会比较强，在学习上的表现会比较稳定，但这些内化的行为准则并不一定是孩子自己的真实想法与愿望。

所以也会有一些孩子从上学开始一直到上大学都成绩优秀，但并不确定自己生命的意义是什么，即使他们曾经有过优秀的考试成绩，但他们会在步入社会时反而慢下来，需要花费时间去发现自己活着的意义，重构自我价值感。

◆ 发展“小蜗牛”的自我意识

发展自我意识是根本。自我意识发展慢的孩子常常在儿童、青少年时期花费比较长的时间去探索、去试错，或者被家长和老师不认同的其他事情（如网络游戏）所吸引。

因为经常被批评，内心积蓄着不满的情绪，因此，会有意无意地对抗外在的要求和规则。在这种情况下，他们肯定不能快速地把外在的要求内化为自己的行为准则，常常“左耳朵进，右耳朵出”，他们不能体会这些要求对自己有什么益处，反正总是被批评，不如给自己找些乐子，玩会儿橡皮，玩会儿笔，画个小人儿，喝点儿水……索性先离那些痛苦的要求远一些。

面对这些自我意识发展弱的孩子，要想提升他们的行动力，“行动派”的爸爸妈妈能做什么呢？

从治本的角度出发，爸爸妈妈需要帮助孩子发展自我意识。自觉的前提就是孩子有足够强的自我意识，那样才能自我约束、自我控制。

任何会削弱孩子自我意识发展的事情，家长都要尽可能避免。例如，孩子行动慢的时候，“行动派”的爸爸妈妈可能会说自己小时候是如何懂事、如何认真，以此来教训和批评孩子。

如果孩子没有和爸爸妈妈建立良好的亲子关系，听了这些后，也并不会把爸爸妈妈当作榜样，却有可能反其道而行之。

爸爸妈妈要想让孩子向榜样学习，一定是以孩子自己已认同了这个榜样为前提。同理，爸爸妈妈也不能把自家孩子和别人家的优秀孩子比较，越比较越会让孩子反感。当然，呵斥或打骂孩子一定会给孩子带来负面的影响，不利于孩子自我意识的良性发展，有可能会让孩子形成“我就是这么糟糕”的自我认同。

想孩子所想。要帮助孩子发展良好的自我意识与自我认同，需要我们从孩子的角度，感他们所感，想他们所想。

按照精神分析大师弗洛伊德的观点，人天生具有趋乐避苦的本能，何况孩子，要想孩子不被好玩的玩具、游戏诱惑，专心于让他感觉到枯燥乏味的作业或其他练习，那得克服多么强大的本能需求啊！

大人们如果否认人类普遍存在的本能需求，要求孩子如同圣人一般，孩子被打压的本能需求就可能突破各种防线无意识地泛滥开来。

如果能够真实地认同孩子趋乐避苦的需求，共情地对孩子说，“写作业真的是挺无趣的，但又不得不写，好让人烦恼”，从而引导孩子正面看待作业，孩子会怎样呢？

在我遇见的中小学生中，听到上面这句话后，80%的孩子会回应我：“就是这样，但再无趣也还是得去做的。”接下来，在他们的日常表现中，他们的拖延磨蹭会日渐改善。这些行为的改善源于他们矛盾的感受与想法被我看见，被我表达出来，并且被我理解与接纳。

还有20%的孩子没有积极的回应与改善，原因何在？一是他们的自我意识发展严重滞后，没有发展出一定的自我动力去让自己有所改变；二是在过去的成长环境中，可能大人们对他们伤害太深，他们不能对我产生信任感，对我有着敌意与排斥，因此，当我尝试表达对他们的尊重时不会有明显的效果；三是有些孩子有注意力缺失导致的多动症或其他心智发育迟缓的问题。

强化孩子的积极表现。小学三年级以下的孩子，自我意识原本就在发展中，家长可以通过强化积极的行为表现，忽略行动力弱、拖延、磨蹭的表现，激发他们的积极自我认同。在为他们树立榜样的时候，不要让他们觉得差距很大而根本没有实现的可能，要在他们踮踮脚就能做到的程度上鼓励他们努力，让他们不断向前发展。

如果孩子的确有注意力缺失、自闭症或其他心智发育迟缓的问题时，家长需要付出更多的努力去陪伴孩子成长，在顺应孩子成长节奏的前提下，发现孩子的潜能，鼓励孩子发展。

家长也应关注自己的内心。在心理咨询工作中，面对求助的“行动派”家长时，我能深切地感受到他们的无助、羞愧、懊恼甚至绝望。他们曾经通过自己的行动力，赢得了资源，获得了认可，但在面对行动迟缓的孩子时，他们内在的自恋感会被深深挫伤。作为心理咨询师，也需要对家长进行共情，给予理解与支持，鼓励他们看见自己的孩子，发现孩子的独特之处，增进亲子关系。

如果家长在教养孩子的过程中，感受到自我怀疑、自我否定时，那可能也正是孩子的状态，是孩子正在经历但又无法表达的感受，是孩子带给我们的“反移情”。我们如果因此而推开孩子、惩罚孩子，恰恰印证了自己内心的脆弱。在这种情况下，我们就不能成为陪伴孩子成长的良好“容器”，此时，我们需要充分地观照自己，必要时也需要寻求专业的帮助。

外倾思维（Te）与内倾情感（Fi）要相互平衡。具有较强的行动力和执行力的心理功能是外倾思维（Te），与之相反的一面是内倾情感（Fi）。通过自我意识的发展，人们不断地构建自己的内在信念，发展内倾情感功能，在内在信念的坚持下，人们才能忍受各种艰难困苦，向外付诸行动，努力实现自己成长的目标。外倾思维（Te）与内倾情感（Fi）的平衡发展，有如支撑我们身体的脊梁，支撑着我们去处理与自己的关系，以及与他人的关系、与外在环境的关系。

在龟兔赛跑的过程中，行动缓慢的乌龟只有具有稳定的内倾情感（Fi），才能不被沿途美丽的风景或美味的食物诱惑，仍然坚持不懈地向着自己的目标前进。试想，如果乌龟从一开始就畏惧对手的强大，不敢接受挑战，那么也就不会有最后的成功了。

作为孩子成长的陪伴者，我们需要让孩子感受到，即便是“小蜗牛”“小乌龟”，也可以看准目标，心无旁骛地努力前行！

“规则派”爸妈VS“熊孩子”

在养育孩子的过程中，经常有爸妈是“规则派”，但孩子却表现出“熊孩子”的特征，很多爸妈对此很是苦恼，想要寻求有效的解决办法。

“熊孩子”和“规则派”爸妈的鲜明对比

◆ 不遵守规则的“EP”心理类型

在第2章“识别孩子的心理类型，培养规则意识”一节我们已经了解，外倾直觉情感知觉（ENFP）、外倾直觉思维知觉（ENTP）、外倾感觉情感知觉（ESFP）和外倾感觉思维知觉（ESTP）这四种心理类型的优势功能分别是外倾直觉（Ne）或外倾感觉（Se），其共有的字母是E和P。

具有这些心理类型特点的孩子常常大大咧咧，随机应变的能力强，但是规则意识相对比较弱，有可能会是大人眼里的“熊孩子”。当然，一些“熊孩子”实际上是家长没有尽到教养的职责造成的，这类家长并不会为此而内疚、自责，这些孩子和家庭不在我们本节的讨论范围之内。

◆ 遵守规则的“SJ”心理类型

在心理类型中，与规则意识密切相关的是内倾感觉（Si），在16种心理类型中，以内倾感觉（Si）作为优势功能的有内倾感觉情感判断（ISFJ）和内倾感觉思维判断（ISTJ），以内倾感觉（Si）作为辅助功能的有外倾感觉情感判断（ESFJ）和外倾感觉思维判断（ESTJ）。

这四种心理类型共有的字母是S和J，具有这些心理类型特点的人对规则、章程、流程都特别关注，对自己和别人遵守规则、章程等都有很高的要求，对于他们来说，违反或不遵守规则、章程等是大忌。

所以，当具有“SJ”心理类型特点的爸爸妈妈遇到具有“EP”心理类型特点的“熊孩子”时，常常会用“应该如此”“必须如此”来要求和约束孩子，在孩子眼里如同唐僧念紧箍咒一般，要么是从“我都是为了你好”的角度出发不停地唠叨，要么就对着孩子不停地讲规则和道理，让孩子烦躁不安，人在心不在，或是左耳朵进右耳朵出，收效甚微。

觉察需求，鼓励表达是主要教养原则

在我的心理咨询工作中，“规则派”爸妈因为对“熊孩子”无计可施，来寻求帮助的情况还真不少见。这些孩子在学校里经常违反规则，家长常常需要去学校接受老师的训话，或是向被影响的其他小朋友道歉。

这些家长自己往往在工作中表现优秀，规则意识比较强，甚至有些小心谨慎，所以来见我时，总带着一些羞愧的心理，养了一个问题孩子，对他们来说，如同自己犯了不可饶恕的错。

他们有的会小心翼翼地向我询问孩子可能会有什么问题，有的会在我面前抱怨孩子怎么就不能安生一些，也有的会对孩子可能在学校里遭遇偏见而感到委屈。

“熊孩子”可能因为被溺爱或者被忽视，自我的规则意识没有得到充分发展，还受着比较本能的冲动驱使，冒冒失失地想要周围的人看见自己，或者和身边的人建立联结。

当不断被训斥、被批评后，他们也会努力尝试约束自己，但因为被训斥而积压的愤怒情绪或是本能的攻击性，又会无意识地产生更具有破坏性的行为。

我们要在肯定他们的感受、情感需求的基础上，教会他们正向表达需求、适当地宣泄情绪，帮助他们发展自我意识，建立必要的规则。

“规则派”的爸爸妈妈常常背负着巨大的家庭责任，他们的自我意识有可能处于长期压抑的状态。这类家长要想很好地共情孩子的情感需求，必须首先增强自我意识，觉察并满足自己的需求。

而且，不同心理类型的父母在满足孩子的需求时，也要有不同的策略。

◆ ISFJ类型的父母习惯压抑内心

通常情况下，具有内倾感觉情感判断（ISFJ）心理功能的人习惯压抑自己的内心，常常为别人而活，会活得非常累。

小冲的妈妈是非常典型的ISFJ类型。作为家里的长女，她很早就离开家打工挣钱，非常早熟。为了求生存，她一直小心谨慎，遵守规则，处处

为人着想，富有责任心，对自己严格要求，具有很高的道德感，也让自己活得非常累。

上小学三年级的小冲则常常在学校里惹是生非，和同学闹矛盾、打架、撒谎，还偷偷拿别人的东西……他妈妈三天两头被老师叫到学校里去训话，被质问是如何养育小冲的。

小冲的妈妈在老师面前完全抬不起头来，被老师叫得多了，一看见老师的来电，就心慌焦虑。她带着小冲来见我时，一方面，希望小冲的行为表现能得到改善；另一方面，她自己的心理状态也到了濒临崩溃的边缘，希望得到帮助。

见到这对母子时，一个心慌慌，目光殷切地希望我能快速解决她的难题；另一个则目光游离，唯恐我像学校老师一般对他一通训斥。

情感的缺失易导致不遵守规则。小冲在沙盘游戏工作过程中，总是先整整齐齐地把喜欢的沙具摆放在沙盘中。时间过半后，他又会把所有的东西打得乱七八糟。

这样重复了很多次，让我感受到小冲内心似乎有一个具有破坏力的小恶魔，会时不时地出来捣乱。我很好奇，这个行为模式是如何形成的。

在和小冲妈妈的交谈中我了解到，小冲的妈妈在小冲4个月大时就回到了职场。每天小冲还没有醒她就已经出门了，晚上又常常加班，回到家时小冲已经睡着了。小冲大部分的时间都是和外婆在一起。

小冲的外婆没有儿子，对小冲的妈妈一直非常严厉，但是在抚养小冲时却宠爱有加，在小冲需要建立规则意识的时候也一味溺爱，甚至当妈妈管教小冲时，还对小冲的妈妈颇多怨言。

所以，小冲既没有得到妈妈充分的情感关注，又在成长过程中缺失了规则意识。

关注并满足情感需求。小冲的爸爸像一个没有长大的孩子，不顾家，不负责任，还时不时地惹出一地鸡毛的事情要小冲的妈妈为他善后。小冲不但未能从爸爸那里获得积极的榜样力量，反而学会了很多负面的处世方式。

所以小冲的妈妈无奈地告诉我，她像是带着两个不着调的孩子，一会儿去给这个“救火”，一会儿去给那个“救火”，疲惫不堪。即便这样，小冲的外婆还时常抱怨她，小冲的爸爸也时常无视她的付出。

这样一位谨小慎微的女性，一直以来承担着过多的责任。面对她，我深感同情，因此并没有指责她为何不多陪伴孩子，我不能站在道德的制高点去批判她的母职缺失。

我给她的建议是多爱自己一些，多关照自己一些，这样她才能体会到小冲行为背后的情感需求。

了解了小冲的模式后，我没有通过对话强化小冲具有破坏性的问题行为，相反，我极力去发现小冲身上的美好与可爱。

有一次，小冲的妈妈告诉我，小冲偷偷拿了一个他喜欢的沙具回家。在单独面对小冲时，我问小冲：“你拿走它，一定是你很喜欢它吧？”小冲大气也不敢出，扭捏地坐着。

我接着对他说：“下次，你如果特别喜欢某个可爱的小东西，你可以大胆一些，直接告诉我，喜欢这些可爱的小东西是没有错的。如果你想拿回家玩儿，你可以问我‘可不可以借回家几天’。”

我试着教小冲如何正面表达自己的感受和需求，而不是用不遵守规则的方式去表达。

后来，小冲再也没有偷偷拿东西回家。当他想要借走某个沙具时，他会和我说，并且在约定的时间里，他会记着带回来。后来小冲在家里和学校里的表现也有了很大的改善。

小冲的妈妈具有ISFJ类型的特点，对外的情感功能比较强，所以我在和她交流时，不是很困难。但当我鼓励她要先关照好自己时，她的第一反应是一脸困惑，对她来说，这个难度不亚于去面对老师的训斥。

小冲的妈妈在我的不断鼓励之下，对小冲的外婆、小冲的爸爸都有了一定的情绪表达，不再是被责任压垮的牺牲者的角色，自己尝试找到了一些简单的自我满足的途径，对小冲有了更多的理解与接纳，和小冲的亲子关系有了一定程度的改善。

◆ 喜欢替别人做主的ESFJ类型的父母

与ISFJ类型的人相比，具有ESFJ类型特点的人更外倾，他们会以一种控制欲比较强的方式去影响他人，替别人做主。

ESFJ类型人的情感偏好使他们对于他人的权益和需要很敏感，所以，他们喜欢比较强势地推动周围的人在物质上获得满足，使周围的人都过上他们认为应该去过的那种好日子，这些特点使他们成了16种心理类型中最热心的一种类型。

ESFJ类型的爸妈如果遇见了熊孩子，会强势地告诉孩子，想要过上好日子该怎么做。当然，最突出的一点就是在学习上，他们会从幼儿园开始就要给孩子选择一所好学校，直到上大学、工作、成家，都希望孩子能够以成功者的样子，收获最好的结局。

这类爸妈可能会对着“熊孩子”不断地念叨，他们的控制欲会把孩子逼得不愿意回家。如果“熊孩子”在学校里惹了事，这类爸妈通常能和老师成为并肩作战的战友，形成统一战线，让“熊孩子”无处遁形。“熊孩子”在强大的攻势之下，会从对规则不敏感的“EP”类型被压抑成谨守规则的“SJ”类型（至少在表面上如此），而这类爸妈还会一脸骄傲地传播自己的育儿经验。

◆ 严谨、自律的ISTJ类型的父母

在人群中最一丝不苟的是具有内倾感觉思维判断（ISTJ）类型特点的人，他们严谨、自律、勤奋、认真、有条理，非常重视自己的规则感和秩序感，对自己和别人都会严格要求，当他们的规则感和秩序感被打破时，可能会产生强烈的情绪。

我曾经遇见一位在银行当行长的爸爸，具有非常典型的ISTJ类型特点。

他告诉我，自己做事一丝不苟到了强迫症的程度，对下属非常严厉，自己都觉得自己比较冷漠死板。偏偏上小学的儿子并不像他，做事马虎，在学校里时不时地不遵守规则。这让他非常气恼，每每遇到这样的情形，他总是对儿子一顿暴打，事后又懊恼不已。他问我有没有办法控制对孩子的暴怒。

具有ISTJ类型特点的人，其辅助功能是外倾思维（Te），和他们谈论情感是有些困难的。他们理性地知道自己某些方面做得不对，但是当非理性的情绪占据上风时，又会有些失控的行为，事后又懊恼自己没有控制住。如此恶性循环，不仅自我感觉糟糕，对孩子也会造成比较大的伤害。

这位爸爸想从我这里得到快速解决问题的办法，但我并没有能化解所有问题的灵丹妙药。

他的内倾情感（Fi）功能非常脆弱，无力面对自己的无能感，所以当面对不能遵守规则而被老师训斥的孩子时，无能感被激起。为了隔离这种无能感，他们会转而成为施暴者，无意识地想要通过愤怒的力量找回控制感，从而维系自己脆弱的自恋，一旦恢复理智，又会对自己的失控感到不满意。

这位爸爸要打破恶性循环，就需要面对自己的无能感，但对于依赖具有掌控感的面具来应对工作与生活的中年男性来说，难度有多大，可想而知。

◆ ESTJ类型的父母善于监管

更偏好外倾的具有外倾感觉思维判断（ESTJ）特点的人尊师重道、遵守规则，不喜欢自由散漫、无组织无纪律的人。在他们眼里，各种规则都应该得到严格遵守，但外向强势的气场又使他们把监督规则的执行情况视为己任，会本能地成为一个监管者。

当发现有任何人违反规则、破坏纪律的时候，他们就会果断地“吹响哨子”，并直接训斥那些不守规则的人，而且说话非常直接，很少会考虑他人的感受。

当事态失控，不能按照既定的目标和方向发展时，具有ESTJ特点的人容易发脾气、大声说话、固执、专横跋扈。

所以，具有这种特点的父母会给心理类型中包含F和P字母的孩子造成一定的压力和烦恼，“熊孩子”的类型就在其中。“熊孩子”遇见这种类型的“规则派”爸妈时常常只能举手投降，或者至少在爸爸妈妈面前会收敛一些，等到爸爸妈妈看不见时，“熊孩子”可能会依然故我。

这类“规则派”爸妈因为执行力强、目标明确等特点，在工作中常常身居管理者的职位，他们可以在工作中获得较强的自我效能感，所以不太会紧盯着孩子的表现，常常是在孩子的老师或者其他人向其投诉孩子的表现之后，才会大为恼火。

他们对他人的责任和义务较敏感，会命令别人做他们认为应该做的事情，面对“熊孩子”，他们可能会像对待自己的下属那样加以训斥或者用命令的口吻说话，孩子常常会抱怨他们把工作中的角色带回了家里，却对孩子的情感需求不甚了解。

这一类型的父母也会和ISTJ类型的父母一样，希望孩子的问题能尽快得到解决，而且他们更擅长进行时间管理、绩效管理。

面对“熊孩子”，这一类型的父母可以先试着和孩子加强情感联结，了解孩子的情感需求，在改善亲子关系的基础上，再引导孩子提升对规则意识的认同。

因为他们自己就是遵守规则的典范，他们常常会帮助孩子加强规则意识，所以我常常建议这些家长在合适的时候把“熊孩子”带到自己的工作场所，让他们感受父母的工作氛围，对社会化的工作形成积极认同。

如果“规则派”的父母只是一味地呵斥“熊孩子”，甚至打骂，只会让“熊孩子”越发远离父母的要求，变得叛逆、执拗，这一定不是父母期望看见的。

不能忽视的注意力缺失问题

◆ 及时发现问题

不能无视或者忽略孩子可能具有注意力缺失的问题。被诊断为多动症的小胖在老师和妈妈眼里就是一个“熊孩子”，上课说话，做小动作，把手机偷偷拿到学校去玩儿，经常冲动地和同学打架。

这些注意力缺失的孩子不是不愿意遵守规则，而是因为大脑前额叶肾上腺素缺乏，他们不能控制自己去遵守规则。

这些孩子是大脑轻度功能失调在先，作为家长，需要接纳孩子，如果仅仅给孩子扣上“不遵守规则”的帽子，从道德层面向孩子施压，只会孤立孩子，并把孩子变成我们不期望的样子。

◆ 寻求社会支持

在接纳孩子的基础上，如何帮助他们加强规则意识，大家可以复习第2章中的“识别孩子的心理类型，培养规则意识”一节的内容。

但是，真正有效地帮助注意力缺失的孩子建立规则意识是一件困难的事情，孩子在适应社会化的生活时会遭遇比较大的困难，家长也需要获得他人的理解与支持。在国外，常常有针对孩子问题的父母支持小组；在国内，这方面的工作刚刚起步。

作为家长，当你们遇见这些困难时，需要克服自己的羞耻感，尽可能地去寻求社会支持，帮助自己应对养育孩子的困境。

◆ 观照自己的内心

“规则派”的家长们，当你们面对“熊孩子”时，首先需要克服羞耻感。做足够好的父母并不是一件容易的事，试着在意识层面减少对自己的批判，才有可能内外一致地理解和接纳孩子。

如果在意识层面对自己没有教育好孩子进行严苛的自我批判，希望能胜任教养孩子的职责，就会在无意识中对孩子心生怨恨，影响对孩子的教育。

“熊孩子”可能还会激起“规则派”父母的无能感。有这种感受的父母更需要加强自我觉察，避免把自己糟糕的感觉投射在孩子身上，让孩子成为替罪羔羊。

“熊孩子”的自我意识、自我控制能力可能发展得比较缓慢，我们要肯定他们的感受与情感需求，在建立良好的亲子关系的基础上，教会他们正向表达自己的需求和想法，帮助他们发展自我意识，建立必要的规则。

“为人着想”型爸妈VS“自私”型孩子

日常生活中，很多孩子会表现出自私的特点，家长以为孩子还小，往往不加干预；有的家长会引导孩子，但不一定奏效。自私其实与心理类型相关。

自私与心理类型

我曾经在小区里见到难忘的一幕，一个两三岁的小男孩在吃小零食，妈妈拿了一块放进自己的嘴里，小男孩顿时大喊大叫：“你干吗要吃我的，你干吗要吃我的！”他边喊边伸出手去打了妈妈一巴掌，还试着从妈妈嘴里把零食抠出来，接着又继续大喊大叫，用力地踢妈妈的脚。孩子激烈的情绪持续了十几分钟，直到妈妈大声呵斥加吓唬才慢慢停下来。

如果你们看到这一幕，会有什么感受？假如自己的孩子有这样的表现，你们会如何应对？妈妈只是拿走了孩子一块小零食，孩子竟暴跳如雷，你们觉得这个孩子自私吗？

什么是自私？自私常常都是以自我为中心，当自己的利益与别人发生冲突时，并不关心别人的损失，只在意自己的利益，甚至会在察觉到自己的行为可能损及别人的利益时，仍旧以自己的利益为核心而不择手段地满足自己。

从心理类型的角度看，与自私有关的心理功能是内倾情感（Fi），如果把内倾情感（Fi）功能发挥到极致，一切只从自己认同的价值体系出发，只为自己着想，以自己的喜好为准则，一切只让自己满意，就有可能表现出自私、自负与极度的自恋。

有些孩子的自私源于身边自私的大人的影响。例如，有的父母或家庭成员自私自利，爱贪图小便宜，或与人共事斤斤计较，过于小气；有的父母或家庭成员常常叮嘱孩子，自己的东西不能给别人吃，玩具不许别人玩等。

这些都会助长孩子的自私心理，但这种情况不在本节讨论的范围之内。我们今天要讨论的是，为人着想的父母如果养育出了一个自私的孩子该怎么应对。

“自私”型孩子的教养

◆ 为人着想型爸妈对孩子自我意识发展的影响

忽略自己的孩子。为人着想型爸妈常常对外表现出外倾情感（Fe）的心理功能特点，他们以他人需求为重，把孩子看成是和自己一体的，但他们的眼里只有别的孩子，恰恰没有自己的孩子。

在孩子的成长过程中，他们可能常常忽略孩子的需求与感受，可能会不征求自己孩子的同意，就让别的孩子随意玩自己孩子的玩具，甚至强迫孩子把玩得正投入的玩具与别的孩子分享，即使别的孩子把自己孩子心爱的玩具弄坏了，也会脱口就说出“没关系”……大家可以设想一下，长此以往，在这种环境中长大的孩子会怎么样？

使孩子处于警觉状态。如果孩子的自我能量比较强，他就会暴跳如雷，大发脾气，甚至会打自己的爸爸妈妈，用尽全部的力量来表达自己的不满。

看到这种情况，为人着想的爸妈会觉得孩子自私，不通情达理，会对孩子讲一通大道理，或者觉得孩子发脾气伤了自己的面子，也可能对孩子一通训斥。

这样导致孩子的委屈没有得到关注，自我需求没有得到满足，自我边界没有得到保护。这个有能量的孩子就有可能演变出一种警觉状态，随时准备着保护自己，在家里、在学校，在任何情境中都有可能敏感地留意，自己的东西是否被侵犯了，一旦有被侵犯的感觉就尽自己所能地还击。

所以，为人着想的爸妈在不知不觉中培养了一个与自己截然不同的孩子，他们可能会感慨，自己怎么会养出一个这么自私的孩子！

让孩子失去安全感。如果孩子的自我能量比较弱，那么他就没有足够的能量对爸爸妈妈说“不”，对别人说“不”，使委屈的感觉不断地蓄积，自我保护的意识无法形成，自我的边界不断被破坏。

那么，这样一个没有自我边界的孩子到了集体的环境中，可能会非常没有安全感，因而表现得胆怯、退缩，担心别人会抢夺自己的东西。越是不安，就越有可能吸引那些有攻击性的孩子来欺负他，而这个从小就被爸妈破坏了自我边界的孩子无力自我保护，只能向爸妈求助，向大人求助。此时，为人着想的爸妈可能会感慨，自己怎么会养出这么懦弱的孩子！

自我能量强的孩子活在以自己为中心的状态中，显得自私，太为自己着想；自我能量弱的孩子无法做到以自己为中心，显得懦弱。这两种孩子的共同之处都是内倾情感（Fi）功能发展不稳定，一个是过犹不及，一个是发展无力，都是因为内在缺乏安全感，所以需要养育者看见和保护。对于后者，家长容易意识到需要给予孩子爱护；而对于前者，家长容易忽视。其实他们同样需要爱护，要肯定他们自我的需求，而不是一味批评他们自私。

◆ 别把自我意识的发展当成“自私”

大人眼里的自私表现常常伴随着孩子自我意识的发展而出现。家长大多经历了孩子从婴儿期的“天使宝宝”到两三岁时的“小恶魔”的变化过程。

1岁左右的宝宝通常表现得很大方，会把自己吃的东西塞进大人的嘴里，会把自己的玩具拿给别的小朋友玩，愿意把自己拥有的一切与他人分享。那是因为对于他们来说，还没有“你”和“我”的概念和边界，“你”和“我”常常是一体的，我的就是你的，你的就是我的。

1岁半左右到3岁，孩子进入自我意识发展的第一个高峰期，逐渐意识到“我”的存在。在这一时期，孩子处于“我即世界”的阶段，常常以自我为中心，会认为他看见的、触摸到的或者很喜欢的东西都是属于他的。

这个阶段的孩子常常像个小恶魔，不再乐意与别的孩子分享玩具，不允许家长把他的零食分给别人，甚至只要有人碰了一下他的东西，他就会大喊大叫、暴跳如雷。

家长常常担心孩子的这种表现是自私，这其实是一种误解。孩子的这种表现并不代表“自私”，反而是一个成长的信号，说明孩子的自我意识在发展，他慢慢开始清楚地知道“这是我的”“这是我喜欢的”。

在孩子自我意识形成和发展的最初阶段，他们的心理活动都单纯围绕自我出发，想接触、了解与自己紧密相连的人和事，获取自己想要的一切东西；他们所提出的任何要求，都是从满足自己的生理和安全等需要出发的，还不知道考虑别人对此有什么想法，更难以理解别人可能有完全不同于自己的看法。

孩子在自我意识发展的过程中，首先就是明确“我”的存在感，会把自己喜欢的东西当成自己不可分割的一部分，因此就会自然而然地表现出对自己所拥有的东西的过度保护，认为“我有权决定这些东西给不给别人，如果我愿意，我可以和别人分享”。这是孩子自我意识、自我边界和自己支配拥有物的权利感的发展，而不是自私的表现。

在孩子有了充分的“我”的存在感后，随着社会活动范围的扩大和交往经验的积累，孩子才逐渐在主观上产生“你”“我”的区别，逐步从客观的角度看待自己。

孩子只有感受到“我”的存在，才能真正地懂得“你”和“他”；孩子只有懂得“所有”，才能慢慢学会真正的分享。

面对自私的孩子，家长该怎么教

◆ 理解孩子正常的自我需求

一方面，家长需要明确，孩子有一定的自我满足的需求，有一定的占有欲，他们不会占用他人的东西，但会保护自己的东西。一旦他们的东西受到了别人的侵犯，他们会努力争取回来，这样的行为并非自私，而是孩子正常的自我需求。

另一方面，他们懂得“被动分享”，当爸妈要求他们与其他小朋友一起分享玩具或是其他物品的时候，他们也愿意去分享。尽管是被要求的，但他们也愿意去照做。这种情况下，孩子表现出了一定的自我满足的需求，但并没有达到过度自私的程度，这不需要进行调整，只需要对他们自我满足的需求和在爸妈的要求下能与人分享的两方面给予肯定。

如果孩子在3岁之后，仍一直以自己为中心，完全不能与人分享，例如，当他们的玩具被抢夺时，他们会极力争夺回来，而且强硬地表明这是他的，接下来就算父母告诉他们要学会分享也无济于事；或者表现出一定程度的贪婪，总是想得到更多的玩具或者其他东西；或者完全不能换位思考，不能顾及别人的感受；或者为了自己的利益不择手段……有这些情况时，孩子可能表现出了一定程度的自私，家长就有必要采取一些方法来帮助孩子改变现状。

◆ 不要破坏孩子的边界感

值得注意的是，家长需要觉察自己是否有破坏孩子自我边界的行为，例如，强迫孩子与人分享，甚至通过打骂的方式要求孩子分享。如果有这种情况，家长需要停止这种行为方式。这种情形不仅出现在自己的孩子与别人家的孩子之间，也出现在二胎家庭的兄弟姐妹之间，老大的自我边界常常因为老二的到来而被破坏，他需要重新建构“我的世界”。爸爸妈妈一定不能忽略老大的心理，尤其是两个孩子相差不到3岁时，也就是老二出生时，老大的自我意识发展仍处于高峰期的时候。

爸爸妈妈需要有意识地保护老大的自我边界，尽可能地安排一些老大专属的亲子时间和亲子活动，在家里为老大开辟一个专属空间。随着老二的长大，家长也要教会老二：“这是哥哥（或姐姐）的东西，如果你要拿，要征求他（她）的同意。”而不是一味对老大说：“你是哥哥（或姐姐），你就应该让着弟弟（或妹妹）。”否则，可能会培养出两个自私的孩子，一个因为自我匮乏而自私，一个因为被溺爱而自私，这常常是成年后的兄弟姐妹争夺家产、纠纷频发的根源之一。

孩子只有内心充盈了才会自然地去关爱别人，只有真正拥有支配自己东西的权利时，才会乐于分享，否则需要一直去填补内心的空虚，强化自己拥有的感觉。

◆ 引导孩子面对真实的世界

在孩子与外在世界建立联系时，家长的引导是必不可少的，孩子需要经历“适当的挫折”去完成自己与外在世界的联结，与外在他人建立真实的关系。

1岁多到3岁期间，孩子会有一种自大全能感，希望自己拥有超能力，能掌控这个世界，奥特曼、超人等这些具有超能力的形象恰好匹配了这个阶段孩子的内心需求。但是随着他们社会经验不断的丰富，他们会逐渐发现超能力是不可能的，他们需要接受规则的限制，需要向权威妥协，不可能想要什么就能得到什么……

溺爱孩子的家庭给了孩子一种无所不能的假象，但终究有一天，当孩子需要面对真实世界的竞争时，就会吃到苦头。他们可能会退回那个给他无所不能感的家中，不愿意长大成熟，导致自我意识就停在那个自大全能感的阶段，即以自我为中心，不能顾及家人的感受，自私自大。

所以，在孩子的成长过程中，家长要引导孩子适应这个真实的世界，正确面对挫败感。例如，看到别的小孩在玩一个玩具，自己很想玩时，可以怎么做？霸道的孩子可能会去抢，对方的家长肯定不乐意，可能会制止这个霸道的孩子。被溺爱的孩子哪能受得了委屈，肯定会哭闹，溺爱他的家长也受不了委屈，可能就会说：“我们去买一个更好的。”

买一个更好的玩具是容易做到的，但是日后遇到更昂贵的东西，没有经济能力去满足时，这个孩子能及时停下来说“我不要了”吗?

当孩子想要玩别人的玩具时，家长应该引导他去和别的孩子商量，或者拿自己的玩具和别的孩子交换。如果别的孩子愿意给他玩，家长要引导孩子表达感激，而不是觉得理所应当。当别人不愿意时，家长要承接孩子的失望与挫败感，继而孩子才能面对和忍受，不是自己想要什么就能得到什么。然后家长再引导孩子看看自己还有什么可玩的，或者还有什么“资源”去做些什么。

只有这样引导，孩子才能从自大全能的需求中变得清醒，去接受适当的挫折，去发现真实的自己，构建积极的自我认同。

又比如，在游乐场，孩子想玩滑梯，可是有一个小朋友总在那里爬上爬下，轮不到自己。遇到这种情况，家长如果直接告诉孩子“别人在玩，你就别玩了”，孩子的自我需求会被压抑和忽视；如果孩子冲上去对着那个小朋友一顿拳打脚踢，肯定也不对。

如何才能让孩子学会既满足自己的需求又可以与人分享呢？这是家长要做的事。例如，可以引导孩子和那个小朋友商量，是否可以按顺序轮流玩，让双方都能得到满足，也让孩子充分体验到与人分享并不一定就会让自己利益受损。小朋友之间发生争执，往往是因为不懂得如何恰当地商议、沟通及分享，家长在这些方面给予引导是非常有意义的。

◆ 孩子需要的是真正的情感关怀

大家可能还会有一种感受，独生子女更容易表现出自私的问题，比较极端的表现是二胎政策放开之后，一些本来准备孕育二胎的家庭会因为独生子女以死相逼而不得不放弃“二胎计划”。

独生子女作为家中唯一的孩子，集宠爱于一身，家里的“资源”都先尽他一人享用，有什么要求家长通常都尽量满足，也没有兄弟姐妹需要分享与合作，以自我为中心的状态的确会持续更久。

一旦父母衰老，独生子女面临的养老压力会比有兄弟姐妹的人大得多，所以家长在养育独生子女时，同样也要平衡孩子的自我需求与为他人着想之间的关系。

家长一味地自我牺牲，为孩子付出，容易导致孩子自我膨胀、妄自尊大，表现出自私与过强的占有欲，这一定不是家长愿意看到的。

近些年，一些极端案件的发生也在提醒着家长与教育者，家庭中真正的情感关怀与适当的规则对于养育孩子的重要性。

父母节衣缩食地满足孩子自私的物欲需求，常常会导致孩子自我的过度膨胀，无视他人的需求，甚至做出伤害亲人的事情。

父母如果打着“我是为你着想”的旗号为孩子提供过度严苛的养育环境，缺乏真正的情感关怀，孩子会在自我耗竭之时为了逃离被情感绑架的生存环境而不惜伤害自己。

◆ 爱孩子，也要爱自己

“为人着想”与“自私”的表现多少都带有一些道德的色彩。我们每个人首先因为养育者的关爱而学会爱自己，继而去爱孩子，孩子再继续去爱他们的孩子，从而代代相传，生生不息。

父母如果过度爱孩子而不爱自己，或者不爱自己只爱别人，爱的传承就无法延续。

乘坐飞机时进行的安全知识宣讲，有一条特别值得我们思考：当出现危险时，妈妈们要先给自己戴上氧气面罩再给孩子戴。

养育孩子的时候又何尝不是这样呢？父母如果一味地牺牲自己，为他人着想，没有给孩子树立良好的爱自己的榜样，孩子就有可能在以自我为中心与不知如何自处的两极状态中摇摆不定。要让孩子树立爱己爱人的生活态度，父母的言传身教是最好的榜样。回到本节开头那对母子，妈妈可以怎么说、怎么做呢？相信大家一定有自己的答案了吧。

AI CONG KAN JIAN
HAI ZI KAI SHI

第6章

用好心理类型工具，有效避开六大教养误区

误区一：和别人家的孩子进行比较

很多家长都喜欢将自己家的孩子和别人家的孩子进行比较，觉得自己的孩子不如别人家的孩子好，常常对自己的孩子说："你看某某小朋友，学习好，还听话，而你这也不行、那也不行。"说得自家孩子一无是处。

但是，从心理类型的视角看，每个孩子都有自己的优势功能：外向的孩子活泼、兴趣广，内向的孩子安静、慢热，喜欢深入交流；偏好感觉的孩子注重现实与细节，偏好直觉的孩子关注未来与整体；偏好情感的孩子在意关系的和谐，偏好思维的孩子注重逻辑。

不同的偏好让孩子们各有所长、各有所短，家长如果随意地将孩子们进行比较，很可能是在拿自己孩子不擅长的部分去和别的孩子擅长的部分作比较，这会极大挫伤孩子积极的自我认同，孩子的自信心会大大地受损，会变得越来越自卑。

借助心理类型的理论，家长们可以试着去了解孩子的心理类型特点，首先帮助孩子认清并积极认同自己的长板，欣赏自己的优势，当孩子对自己有了一定的积极认同后，再鼓励孩子适度地发展自己的劣势。

例如，对于外倾的孩子，可以试着让他对事物探究得更深入一些，内倾的孩子可以试着进行更广泛的尝试；偏好感觉的孩子可以试着多一些想象，多一些整体的考虑，偏好直觉的孩子可以试着多关注一些细节，多一些现实的考虑；偏好情感的孩子可以加强逻辑思维，偏好思维的孩子可以试着多关注人与人之间的关系。

在教育中，切忌不了解孩子的心理特点就盲目地进行比较，甚至将孩子的劣势与其他孩子的优势相比较，这样会对孩子造成特别不好的影响。

误区二：别让孩子输在起跑线上

焦虑的家长抢跑

相信很多家长都深受“别让孩子输在起跑线上”这句口号的影响，随着孩子日渐长大，怕输的心理让家长变得日益紧张，要不要让孩子参加兴趣班？该让孩子学些什么呢？不学什么是不是就落后了？等到孩子上小学了，又开始担心孩子功课能不能顺利完成？上课能不能专心听讲？考试成绩怎么样？老师有没有发来信息要求家长留意孩子的学习状态……家长们每日惶恐不安，如临大敌，神经紧绷，关切地寻找孩子身上各种可能导致“输”的弱点和缺点，导致那个真实的有自己特点的孩子逐渐在家长的眼里消失。

由于生怕孩子犯错而落后于人，家长们试图对孩子加以控制，不断地督促他们向前跑，希望他们在赛道上心无旁骛，不断超过别的孩子，第一个到达终点。但是孩子就是孩子，不可能不犯错，也不可能事事都按照大人的规定和期望来做，孩子需要通过不断训练才能达到的目标被大人认为理所当然，如果孩子没有做到就是他们的失败。孩子最好每天都能表现优秀，每天都如同机器般精确运转。孩子每天奔波于各种课外班，没有喘息的机会。“别让孩子输在起跑线上”，就这短短的10个字，让我们的家庭教育一直笼罩在恐惧和不安的阴影中。

不盲目地抢跑，才能避免误区

在这个焦虑盛行的时代，我们很难做到完全不被影响。但是，如果从心理类型的视角看，依据孩子天生就具有的心理偏好，我们可以为“别让孩子输在起跑线上”提供一个新的注解。

是的，我们依然要重视孩子的早期教育，但不是盲目地跟风与随大流，而是要认真地观察与分析孩子所具有的心理特点，从寻找各种可能导致“输”的弱点和缺点进行批评、呵斥，转向寻找孩子可能具备的特色与优势，然后给予爱的滋养，让孩子立足于自己的优势，以相对良好的状态行走在自己的人生道路上。

误区三：把自己的想法强加给孩子

你认为的好，孩子不一定这么想

很多家长在教育孩子的时候，往往是从自己的经验出发，觉得自己这样做是对的、是对孩子好，却忽略了孩子的感受。

依据心理类型的观点，每个人都有自己的内在感受，表现出内倾情感（Fi）的功能，这让我们明白“我是谁，我能做什么，我喜欢什么，我不喜欢什么，我愿意为了什么而坚持……”

一个孩子如果从小被充分肯定和认可，他们的感受如果得到了家长的关注和理解，逐渐发展起来的内倾情感（Fi）功能就能成为内在动力的来源，为自己的成长提供内在的信念。

如果一个孩子不断被否定，自己的真实感受不断被忽略，过分依从于外在的评价，内倾情感（Fi）功能发展处于劣势或弱势的状态，就不能为自己提供内在的信念支持，甚至常常进行自我否定、自我破坏。

做先反省、后肯定的家长

在养育孩子的时候我们需要不断反省，我们是否想当然地把自己的想法强加在了孩子的身上，忽略了孩子的感受和想法？

我们是否把自己未实现的理想和抱负寄托在了孩子身上，希望按自己的标准去塑造孩子，逼迫孩子行走在我们自以为正确的道路上？

我们是否未经孩子同意，就以为他们好的名义擅自侵入他们的空间，漠视他们的隐私与尊严？

我们是否只是把孩子当成我们向别人炫耀的工具，并没有真正意识到，孩子的成长对于他们自己来说有何意义？

我们是否能在孩子失败无助时，无条件地接纳他们，让他们无论遭遇怎样的困境，身后都有一个爱的港湾？

我们是否常常给孩子制订各种规则，希望他们按照大人的意愿来做事，最好什么错都不要犯，按照我们的规划一条路走到底，走向大人眼中的光明未来？

一个孩子要成长为一个有爱、有目标、有尊严、有责任、有担当的人，一定是在成长的过程中曾经被爱、被鼓励、被尊重、被承接，才能发展出足够稳定的内倾情感（Fi）功能，既能了解自己、激励自己，又能共情他人、激励他人。

因此，家长在教育孩子的时候，需要适度考虑孩子的感受，去肯定他们、理解他们，让他们的内倾情感（Fi）功能得到充分的发展。

误区四：过度地“晓之以理”

在当下的养育环境中，我们时常遇见“晓之以理”的空洞说教。很多家长经常把“我和你讲道理，你怎么就不听呢？”这样的话挂在嘴边，但并不能得到理想的效果，反而让孩子反感甚至心生厌恶。

为什么孩子不喜欢听人讲道理呢？因为孩子天然需要爱的滋养与回应，只有这样他们才能去发展安全的依恋关系，为未来人际关系的发展奠定一定的底色。

但是，在现代的家庭中，可能由于受教育的缘故或是生存的压力所致，家长往往不能给予孩子足够的情感关怀，家长和孩子之间情感的联结常常受限，取而代之的是空洞的说教。

从心理类型的理论来看，内倾感觉（Si）加上外倾思维（Te）功能成了家庭互动的主要模式，家长总是对孩子说“应该怎样怎样”“必须怎样怎样”。

在这样的环境中长大的孩子会形成条件反射，可能一听到说教，立刻就有要逃离的反应，不仅不能成为父母所期望的样子，反而可能转向父母期望的反面。

也有的孩子会努力成为父母期望的样子，但是自己真实的情感需求却被压抑，迎合外在期待的自我和内在的自我需求之间常常冲突不断，消极完美主义、焦虑、抑郁等状况都有可能发生。

或者即使认同了父母的说教，发展了过强的思维功能，情感功能发展也严重不足，扩展到生活的其他关系中，使亲密关系发展受阻，普通的人际关系发展也存在一定的困难。

在进行“晓之以理”的教育之前，孩子们需要他人“动之以情”加强情感的联结，需要感受到自己作为一个人是被充分看见的，有开心喜悦可以分享，有伤心难过可以被分担，有愤怒不满可以适当宣泄。

误区五：溺爱迁就，疏于管教

溺爱导致孩子自负

“动之以情”并不是放纵溺爱。过度放任、迁就会使得孩子在以自我为中心的状态中停留过久，想要什么即刻就要被满足，不能延迟等待，不能承受丝毫委屈，稍有不满就有可能大发脾气，表现出过强的内倾情感（Fi）需求，自恋、自负、自私。

营造爱与规则的氛围

在进行家庭教育时，在爱的基础上，必要的规则与限制有助于孩子健康人格的发展。

在无条件接纳孩子的前提下，家长也需要恰当地引导孩子成长，让孩子在适度的挫折中，内化必要的规则与限制，加强内倾感觉（Si）功能的发展。

在充分理解与爱护孩子的前提下，也需要引导孩子理解他人、关心他人、发展外倾情感（Fe）功能。

在不断明确自己的需求后，要引导孩子为实现自己的目标付诸努力与行动，发展外倾思维（Te）功能。

在为了实现目标而发奋努力时，引导孩子适当停下脚步，发现日常生活的多姿多彩，在简单的事物中感受到感官的愉悦，发展外倾感觉（Se）功能。

在难以一蹴而就的人生发展历程中，引导孩子在遭遇挫折和不顺时，依然能充满希望地发现各种新的可能性，发展外倾直觉（Ne）功能。

在面对各种无法预料的自然灾害与社会变迁时，引导孩子博览全书，汲取人类由古至今的经验与智慧，发展内倾直觉（Ni）与内倾思维（Ti）功能。

误区六：轻易地给孩子“贴标签”

“贴标签”易导致自我贬低

随着心理学知识的普及，家长们也了解了不少心理学术语与心理问题的表现。当孩子出现一些状况时，家长就会焦虑与担忧孩子是否患上了严重的心理问题。例如，内向的孩子因为不爱说话，在公众场合比较退缩，会让人担心是自闭症；偏好直觉的孩子容易走神，常常让人担心是由于注意力缺失而表现出的多动症。

给孩子贴上一种标签是一件很容易的事情，引导孩子发展却是一个缓慢的系统工程。的确，内向的孩子融入集体的环境节奏要相对慢一些，在现代教育环境中不容易表现优秀；偏好直觉的孩子总是富有想象力，此刻坐在这里，却已经开始想象下一刻会发生什么了，对于当下有些心不在焉。

但是如果从心理类型的角度来看，这些就是他们的心理特点。他们有自己的成长节奏，有自己的偏好特色，需要有心人恰当地引导他们，而不是轻易地给他们贴标签。如果家长总是不断地向孩子暗示他是有问题的，他是错的，以及他应该如何做才对……自然不利于孩子自我的发展，他自卑、自我贬低的想法也会表现出来。

缩小“问题”，放大闪光点

在沙盘游戏过程中，不同年龄、不同性别的孩子都有可能出现的一个游戏就是，他们会把闪亮的石头藏在沙子里，然后用充满期待的目光看着我，或者直接对我说：“老师，你来找呀，你来找呀……”

他们殷切的目光强烈地吸引着我，让我真诚而热切地去寻找这些闪亮的石头。家长们，那是他们内心的“宝石”，需要被发现、被看见。

每个孩子心中都有这样一块“宝石”，家长要擦亮眼睛，慢慢去发现和守护。

POSTSCRIPT

后 记

很多年前，受王岠师妹的影响，我开始接触荣格的心理类型与心理测评（MBTI）方法。在好奇心的驱使下，从最初的一头雾水，到有些感觉，再到日渐清晰，继而将用心理类型分析问题的视角运用到职业生涯规划、团体沙盘游戏、个体咨询、亲子关系咨询、婚恋关系咨询……不知不觉中，我在这一领域已探索了10余年，至今依旧着迷，乐此不疲。

2019年初，我接受了“青籽儿童”的邀约，录制名为《了解孩子心理类型，做因材施教的家长》的微课，一共有24讲。为了完成微课的录制，连续24周，每周都要撰写四五千字的讲稿，这对我来说是一个巨大的挑战。

依据我的心理类型特点，我对自己感兴趣的新鲜事物有着强烈的好奇心，常常孜孜不倦地去探索，直到自己弄明白了为止。讲课是我分享经验的主要方式，无论是面对大学生，还是面对心理分析领域的学员，我都试着把自己的切身体会分享给他们。在讲课的时候，我的意识流可以比较顺畅地向外流淌，让我充分享受自由联想的发散与激荡，既分享了过往的经验，也时常会有新的发现、新的感悟。

写作对我来说，却不是一件容易的事情，需要我停下发散的自由联想，专注于某一个话题，但是写着写着思绪就又会飘走，不得不有意识地把自己拉回到正在写的话题上。写跟不上想，所以每每写作的时候，就有一种水龙头堵塞的感觉，滴滴答答不能畅快。

好在有曾芮的督促，我一周周地完成了讲稿的写作与录制，在所有课程录制完成后，发现自己居然已写了十几万字，这真是一个不小的收获！在此，对曾芮和斯绵致以最诚挚的感谢。现在将课程的讲稿重新修订后结集成册，希望能带给读者一些启发。

每个孩子都如同一颗落在家庭和社会文化土壤中的种子，我们所能做的就是给予他们适当的环境支持，通过爱和实际行动，帮助他们成长，与环境和谐相处。

祝愿每个孩子都能健康、快乐、幸福、平安地长大！

祝愿每个孩子都能成为自己可以成为的那个独一无二的人！

参考文献

[1] [美] 伊莎贝尔·迈尔斯，彼得·迈尔斯．天生不同 [M]．闫冠男，译．北京：人民邮电出版社, 2016.

[2] [瑞士] 卡尔 · 古斯塔夫 · 荣格．心理类型 [M]．吴康，译．南京：译林出版社，2014.

[3] [美] 艾伦 · 尼尔森．儿童领导力 [M]．高雪燕，张劭华，译．北京：作家出版社，2018.

[4] 郭志亮．逻辑思维：聪明人是如何思考的 [M]．北京：中国财富出版社， 2017.

[5] [加] 谢里 · 范 · 狄克．高情商是练出来的：美国大学里的高情商训练课 [M]．程静，译．北京：北京联合出版公司，2017.

[6] [澳] 史蒂夫 · 比达尔夫．养育男孩 [M]．丰俊功，宋修华，译．北京：中信出版社，2014.

[7] [英] 理查德 · 怀斯曼．发现你的行动力 [M]．李磊，译．长沙：湖南文艺出版社，2018.

[8] [美] 马蒂 · 奥尔森·兰妮. 内向孩子的潜在优势 [M] . 赵曦, 刘洋, 译. 上海: 上海社会科学院出版社, 2017.

[9] [英] 罗兹 · 沙夫曼, 莎拉·伊根, 特蕾西·韦德. 克服完美主义 [M] . 徐正威, 译. 上海: 上海社会科学院出版社, 2018.

[10] 伊尔斯 · 桑德. 高敏感是种天赋 [M] . 李红霞, 译. 北京: 北京联合出版有限公司, 2017.